我的宠物书

U0238984

柴犬
养护全程指导
全彩图解版

[日] Shi—Ba 编辑部◎编

潘玥·译

中国农业出版社

北 京

关于柴犬的那些事

柴犬，可靠、单纯、忠诚，是人们比较喜爱的犬种。

人和犬共同生活的历史自从日本绳文时代就开始了，柴犬在昭和时代被指定为天然的纪念物，受到人们广泛喜爱。

柴犬，是什么样的犬呢？

被指定为自然纪念物的原产地在日本的犬种

柴犬是被指定为自然纪念物，原产地在日本的犬，可靠、单纯、忠诚。用质朴、刚健形容它最合适不过了，它与日本人的气质最为贴近。

日本人与犬类共同生活的历史，可以追溯至欧亚大陆的绳文人将绳文犬带到日本的时期。

在当时以狩猎采集为主的社会，犬作为猎犬和看门犬大显身手。此后，古代大陆人东渡日本定居，以水稻农耕为中心的弥生时代开始，与之一同前来的犬与绳文时代的犬相融合，成为弥生犬，这也是日本犬的原型。外来者带来的犬数量并不多，并没有对绳文犬的样貌带来非常大的影响。柴犬的历史并不能很清楚地确定，可以说是绳文犬的后裔。

柴犬的历史是从大正时代开始清晰起来的，在昭和时代初期，以柴犬为首，秋田犬、纪州犬、四国犬、甲斐犬、北海道犬、越犬（后灭绝）被指定为天然纪念物的日本犬。柴犬是日本犬中唯一的小型犬。犬名中的"柴"在日本古语中指的是"小"的意思。自古以来，日本人将体型小的犬称为"柴犬"，自然而然地，这种说法就固定了下来。

柴犬在日本非常受欢迎，数量占据日本犬饲养数量的80%。这大概是因为柴犬在生活中比较容易与人相处，它的体型大小又比较适合在居住的环境中饲养的原因吧。

从刚出生的幼犬身上也
能感受到它的强劲有力

**像野生动物那样自立
成长**

　根据近年来的研究
发现，柴犬是与狼相近
的犬类。像野生动物那
样成长，精神而又自
立。对外人冷淡，但是
对家人非常贴心，这大
概就是被称作忠犬的原
因吧！

曾经日本的小型

犬被总称为柴犬

日本曾从全国收集柴犬

在大正时代日本犬保护活动的时候，日本政府从全国各地收集到的小型犬，奠定了现代柴犬的基础。因此，与其他日本犬不同的是，柴犬犬名中并未带有产地名。

历史

由两只柴犬存续至现代的柴犬

我们现在来回顾从近代到现代依然存续的柴犬的历史。明治时代时，随着明治维新贸易活动频繁，欧美犬种的输入数量增加了，纯种的日本犬的数量逐渐减少，因此开始了日本犬的保护活动。在昭和三年成立了日本犬保护会，为管理血统实行犬籍登记。从品性优良的岛根县石号（雄性）与四国的koro号（雌性）的血统中，培育出被称为中兴之祖的中号（雄性），奠定了现代柴犬的基础。现代，除了实行犬籍登记的团体——日本犬保护会外，也有日本狗会等组织。

● 带有柴犬名字的犬类

| 山阴柴犬 | 美浓柴犬 | 柴犬保护会系柴犬 |

柴犬曾经作为日本小型犬的总称

日本犬的历史

让我们回顾下从人类和犬类东渡日本开始到现在的历史吧。

绳文时代以前

15 000 年前，在欧亚大陆的狼（犬的祖先）被驯化为家畜犬。此后，被人们带到世界各地。

绳文时代

大约12 000年前，绳文人和绳文犬从欧亚大陆东渡日本，比柴犬稍小的犬的数量较多，它们作为看门犬及猎犬而受到重视。

弥生时代

大约2 300年前，经过朝鲜半岛而来的归化人和犬共同来到日本。这些犬在基本的形态上与绳文犬并无很大的差别，但体格却较大。

奈良－平安时代

在奈良时代有从中国唐朝引入犬的记录。在平安时代，开始出现作为贵族的宠物犬；平民百姓家的看门犬，还有吃剩饭的流浪犬。

中世时代

在镰仓时代以后的遗迹中，发现了具有绳文犬特征的体型大的犬。在安土桃山时代，圆脸的犬开始比像狼的犬数量多。

江户时代

像德川家光从荷兰购入的欧美犬非常受欢迎，像猎獾犬那样的短腿犬和小型犬初次出现，犬的品种进行改良的痕迹被发现了。

近代

随着外来犬种的流入，日本犬的杂交化加剧。从大正时代开始，以柴犬为代表的日本犬血统的保护活动开始了。

姿容与天性

有气概、有魅力、率真温柔、不加修饰的朴实形象

耳

与头部大小相匹配，适当的厚度，稍微向前倾，这样的耳朵是理想的。耳朵内侧线条是直线，外侧线条稍稍圆滑一些。耳朵最好不要超出头部的两端，协调是非常重要的。

眼睛

眼睛稍微向内凹，有种深邃的感觉。眼睑从内眼角到外眼角接近㇍形（日语假名的形状），形成不等边三角形。外眼角稍微向上，使得眼睛炯炯有神。棕色的虹膜被认为是理想的类型。

嘴

从两侧的脸颊开始带有圆形拥有完美粗细和薄厚的形状。唇边不太宽，嘴唇没有弧度，绷紧为一条直线。成犬的牙齿有42颗才能正常咬合，通过嘴型，让人能够感受到它的健康。

毛

拥有坚硬的颜色鲜艳的被毛（大衣）和柔软的淡色绒毛（内衣）。硬毛和软毛的两层毛（双层外套），在春季和秋季换毛期，下层毛（软毛）脱落，生长出新毛来调节体温。

腿

前腿向肩胛骨处适当倾斜，肘带动躯干，前腿与胸宽以相同的宽度站立在地面。后腿的大腿部非常发达，脚后跟有力地踏在地面上。后腿与腰宽以相同的宽度站立在地面。

胸

被结实的骨骼和肌肉所支撑，胸部向前伸可以得到很好的发育。肋骨适度伸展，从上方来看形成椭圆形。胸下面的位置，以体高（从脚下到肩的长度）的一半为宜。

背

背部的线条是从肩胛骨的周围开始一直到尾巴的根部，形成一条直线。骨骼状态良好的狗狗，走路的时候背部和腰部不会上下左右摇摆，而是笔直地前进。有着有力而又粗细适度的卷尾或者直尾。

骁勇、和善、单纯

日本犬的性格可以用骁勇、和善、单纯三个词来形容。骁勇指的是有气魄，遇到大事时必须要表现出强有力的气概；和善是性格上的友好，单纯温和，持有自立的精神；单纯是其天然坦率的形象。

毛色和毛质

柴犬互不可少的四种毛色

柴犬较为常见的毛色依次为橙黄色、黑、白、芝麻色共计四种颜色。被称为赤柴、黑柴、白柴、芝麻柴。在大正时代日本犬保护活动开始的时候，由于以毛色为橙黄色的猎犬的血统保护为重点，故柴犬以橙黄毛色居多，占据了80%。橙黄色是在山中最不显眼的毛色，猎户喜欢用橙黄色的猎犬，故在日本犬数量逐渐变少的时候橙黄色依然是日本犬中比较多的毛色。

橙黄色、黑色、芝麻色柴犬身体上白色的部分被称为裹白。也就是从下巴开始贯穿全胸一直到后足的部分。不损害柴犬身上现有毛色的裹白是理想的形态。

柴犬在幼犬时期毛色非常浓重，特别是脸部为黑色的也非常常见，随着成长，它们毛色变淡，慢慢变为原本应有的颜色。不过，白柴从幼犬时期毛色就为白色，随着成长会逐渐长出少量橙黄色的毛。

毛质包括硬毛和软毛。坚硬而又颜色鲜明的上层毛是硬毛，柔软且颜色较淡的下层毛是软毛。硬毛与生俱来保护着皮肤免受来自草丛荆棘和紫外线的损害，也有着保持体温的作用；下层毛在春季和秋季的换毛期脱落，新旧更替长出新毛。

硬毛的顶端有着鲜明的颜色，在根部变为与下层毛颜色接近的淡色。渐变的毛色搭配，为柴犬的毛色带来深浅变化。

赤柴和芝麻柴在幼犬时期，面部像带了黑色的面具一样。在长为成犬的过程中，多数情况下会逐渐变为白色。有些狗狗嘴边也会残留黑色的毛。年龄小的狗狗，在换毛期，额头上还会再次长出像眉毛那样黑色的毛，然而终会脱落。

随着成长黑色逐渐消失

子犬的黑面具

➡ 柴犬毛色的种类

下面介绍下四种毛色的特征及魅力。
无论哪一种毛色都有着纵深和浓淡，从中可以感受到狗狗有风度的外貌

【黑色】

纵深的铁锈色是理想的类型

黑毛并不是全黑色，而是带有少量被称为铁锈色的褐色的纵深色调。从表面看毛色乌黑而又有光泽，也有人评价此种类型的柴犬毛色朴素而粗野。以眼睛上带有黄褐色为特征，形

状清晰的方形备受喜爱，亦被称为"四目"。其中黄褐色的部分被称为"疤"，在眼睛上方、脸颊、嘴边、四肢等处一定会有，黑柴是仅次于赤柴的人气毛色。

【橙黄色】

鲜明的颜色提升风度

鲜明的橙黄色是受人喜爱的颜色。也有用浑浊的红色来表现此种颜色的。橙黄色与裹白对比，看起来很美丽，能够使人感受到狗狗的风度。因为橙黄色毛与干枯的草是同种颜色的缘故，柴犬

也逐渐被称为芝犬，但最终被称作柴犬。有的狗狗会出现黑色杂毛，很多狗狗的毛从前端到根部，颜色没有浓淡变化，80%以上的柴犬都是此种没浓淡变化的毛色。

【芝麻色】

三色混杂颇具协调美感

芝麻色是指由橙黄色、白色、黑色的毛适当混合而成的毛色。芝麻色柴犬毛中含有柴犬的全部毛色，是在颜色细微的均衡中而形成的毛色。此种毛色较为罕见，柴犬中仅有2.5%左

右。与其他毛色的毛相比，此种毛色的毛质稍长。因为是非常结实的硬毛，所以多数芝麻色的柴犬毛质良好。橙黄色居多的芝麻色毛被称为赤胡麻，黑色居多的芝麻色毛被称为黑胡麻；白色居多的芝麻色毛被称为银胡麻，现在却很少见到。

【白色】

浓淡混杂充满妙趣的颜色

白色毛中像纯白那样的颜色很少，多数是在耳朵和背部会微微地混杂颜色较淡的橙黄色毛。微妙的浓淡形成充满妙趣的浓重颜色。有的狗狗尽管在幼犬时期毛色接近纯白色，随着成长也会慢慢地发生变

化。有的白柴狗狗因为缺少黑色素而出现褪色的情况，所以黏膜色素（鼻、口中、眼睛边缘、肛门等的颜色）颜色深是人们所希望的。由于日本人喜欢白色毛的缘故，近年来白柴的数量在不断增加。

尾巴

可以通过柴犬的卷尾和直尾，感受到它的力量

按照日本犬保护会的犬种标准，柴犬的尾巴被认为是卷尾或者直尾。卷尾是在后背突然卷起的尾巴，直尾是指自然伸长的尾巴。在柴犬中卷尾多为常见。

卷尾粗壮有力，伸开的话如果能到后足的脚后跟附近，这样的长度最为理想。狗狗跑起来的时候，尾巴像船桨一样摇动，以此来保持身体的平衡。卷尾从卷起的状态松弛下来时起到船桨的作用，轻松地实现方向转换，可以边保持平衡边快跑。

经常摇动的尾巴具有表现力

柴犬的卷尾必须具备粗度、长度、力度。通常为卷起的状态，跑起来的时候松弛下来起到船桨的作用。因为经常摇动的尾巴具有丰富的表现力，所以与完全不动的尾巴相比，经常摇动的尾巴会更受喜爱。

健壮的尾巴是健康的证明

狗狗尾巴的粗细是由尾骨的粗细和肌肉的发达程度决定的。健壮的尾巴是健康发育的证明。有的狗狗在出生不久，就可以推测到它将来是不是一只健壮的成犬。

➡ 如图所示柴犬尾巴的种类

大体可以分为卷尾和直尾两种类型。依据尾巴的形状可以细分为八种类型。

● 茶刷尾

　　特别短小的尾巴，长度尚未达到后足的后脚跟，是现在很少见到的形状。

● 卷尾 (太鼓尾)

　　在腰的正上方完全卷曲形成像鼓一样的尾巴。与二重尾一样稍微缺少表现力。

● 卷尾(二重尾)

　　尾巴过于卷曲而形成旋涡状的尾巴，形成二重尾。在活动和表现力上也存在轻微的难度。

● 卷尾 (标准)

　　自然的卷曲是最为理想的卷曲方式。强劲有力度的尾巴，由于经常摇动表现力也非常丰富。

● 太刀尾

　　看起来像日本刀一样，充满力量感的尾巴。给人留下勇敢的形象，在直尾中备受喜爱。

● 长刀尾

　　比太刀尾稍微向后倾，形成长柄宽刃大刀样子的尾巴，是罕见的尾巴形状，数量稀少。

● 平行尾

　　充满力量地指向前方，是直尾中最为常见的具有代表性的形状。

● 半截尾

　　处于直尾和卷尾的中间状态，也被称为"叩尾"，也有人将它称之为卷尾的一种。

雄犬和雌犬的差异

身体

因性别不同身体平衡存在差异

柴犬的雄犬和雌犬之间的特征被称为性别特征，是非常重要的标准。根据日本犬保存会的犬种标准，身体高度（从脚到肩部）和身体长度（从胸部到臀部）的比例是确定下来的（关于体重在日本犬保护会的网站上有相关介绍）。

雄犬的身体高度在39.5厘米左右（从38～41厘米），体重在9～11千克。身体高度和身体长度的比例在1∶1被认为是理想的类型；躯干略长，保持长期平衡被认为是最理想的形态。雌犬的身体高度在36.5厘米（从35～38厘米）左右，体重在7～9千克。尽管身体高度和身体长度以1∶1为基本比例，但由于雌犬有子宫因而躯干的长度比雄犬略长，所以身体长度比高度略长一点也是可以的。

心理

柴犬的本质方面，性别特征非常重要

强悍威武、品性优异、天性纯朴，是柴犬必不可少的三个本质特征，这是不论雄犬或雌犬都具有的特征，但柴犬是性别特征非常明显的犬种，在容貌上我们能够寻找到雄犬和雌犬各自的特征。

雄犬具有刚毅的气质。柴犬是与狼接近的犬种，在争斗和领土意识方面具有明显的倾向，这点在雄犬身上多为常见。它不会胡乱吼叫而又悠然自得，紧急时刻会展现气魄可靠的一面，这样的雄犬是理想的类型。

对雌犬而言，体贴、温柔是非常重要的。多数雌犬具有从周围氛围推知状况，从而进行行动的能力。野生动物中的雌性动物选择合适的伴侣，是从祖先那里继承而来的强大秉性。

➡ 让我们来对比一下面部特征吧

柴犬是一种性别差异明显的犬类，让我们从面部特征来比较下各具特征的雄性和雌性柴犬吧。

 在温和的氛围中表现强大的心性

雌犬的脸部非常优雅，从中透露着力量。能够同时展现出温柔的形象和内心的坚强的雌犬是理想的类型。与雄犬相比，略小的头部和嘴唇展现出它的优雅，曲线和直线相平衡的眼形也表现出雌犬的特征。

 精神满满而又风度翩翩

雄犬的脸部力量满满，从中透露着它翩翩的风度。因为前倾的耳朵和外眼角向上的眼睛，表现出它的强劲有力。精神满满、威风凛凛的眼神里蕴藏着温柔的目光。稳重的头部和宽大的嘴唇也表现出雄犬的特征。

▶ 茶色

雌

雄

▶ 黑色

雌

雄

目　录

关于柴犬的那些事

8 与柴犬生活的各种实用信息

结束语

还在睡吗?

因为那是我的工作呀。

　　自古以来被日本人所喜爱的柴犬，通常被饲养在室外，最近在室内饲养柴犬的人逐渐增多。狗狗和主人在同一空间生活的时间越来越长，它们能带给主人的安慰和欢乐越来越多。然而，在室内饲养狗狗，也会出现狗狗掉毛、乱叫、恶作剧的可能性。本书在提供室内饲养狗狗方法的同时，也会详细介绍室外饲养狗狗的要点和注意事项。

　　因为缘分，你开始和眼前这个小家伙一起生活。如果本书能帮到您，带给它一生的幸福，我们将感到无比欣慰。

柴犬的一生

身体健康的话，柴犬可以活到十多岁。我们用年表来
介绍一下柴犬的一生，以及它们的各种变化。

柴犬和人类年龄的换算表

跟每年长1岁的人类相比，狗狗的年龄是以4～7倍的速度增长，自然老化的速度
也比人快，其速度一般会因个体差异和环境等因素而有所不同。

狗狗	1个月	2个月	3个月	6个月	9个月	1年半	1年	2年	3年	4年	5年	6年	7年	8年	9年	10年	11年	12年	13年	14年	15年	16年	17年	18年	19年	20年
人类	1岁	3岁	5岁	9岁	13岁	17岁	20岁	23岁	28岁	32岁	36岁	40岁	44岁	48岁	52岁	56岁	60岁	64岁	68岁	72岁	76岁	80岁	84岁	88岁	92岁	96岁

出生~一岁

用年表看一看柴犬的成长过程

出生后的第一年时间是柴犬身心的发育期，相当于人类成长到十七岁的程度。在这段时间，一定要好好教育狗狗与人类相处的规则。

身体方面

● 从出生到断奶的这段新生儿时期是狗狗一生中最危险的时期，死亡幼犬中约有60%是死于这段时期的。

● 体重大约增加到出生时的两倍，14天前后狗狗会第一次睁开眼睛。起初，黑眼珠会透着蓝色，看东西时有些呆呆的状态。

● 开始长乳牙了。
● 腿部开始有力量，可以灵活地跑动，开始慢慢探索周围的世界。

● 乳牙全部长齐了。
● 由母乳带来的免疫力完全消失。
● 出生后的第二个月，狗狗需要接种第一次疫苗（参考P152）。

心智方面

● 狗狗的妊娠期约60天。母犬的性格及生活环境会对幼犬产生很大的影响。

● 这段时期可以看出狗狗的实力对比，例如强壮有力的幼犬会一直吮吸狗妈妈奶水充足的乳头。

● 五官开始慢慢清晰，动作也变得灵活了，可以开始跟妈妈或者兄弟姐妹玩耍了。
● 换算成人类年龄的话，应该是快1岁的时候。

● 开始让它们养成去厕所和住房子的习惯，为了保证狗狗的任何部位被触碰都不会有剧烈反应，需要每天进行练习。

生活方面

● 当狗妈妈不能照顾幼犬时，主人需要用玻璃吸管给幼犬喂幼犬专用奶，还要轻轻刺激幼犬的肛门和尿道，促进排泄，最后不要忘记擦拭干净。

● 这期间幼犬开始灵活地活动，要格外注意的是确保其生活空间内没有危险的地带或物品。

● 断奶的替代食物要分3~5次喂食，浸泡干类狗粮时要视情况逐渐提高食物的硬度。

● 当被带到新的家庭时，由于环境发生了很大变化，所以一定要特别关注狗狗的身体状况。

3 个月	4 个月	6 个月	10 个月

● 乳牙开始脱落。

● 第二次接种疫苗 7～10 天后，接种第三支疫苗，至此幼犬期间需要接种的混合疫苗就全部接种完了。

● 请一定不要忘记，主人有义务在狗狗出生 90 天后为其接种狂犬病预防疫苗。之后，每年的春天也要接种一次。

3 个月过后，幼犬时代的毛开始脱落并逐渐长出成年犬的毛发。有的狗狗的额头上会出现 "M" 字形状，有的狗狗每年在换毛期的时候也会出现 "M" 字形状。

● 考虑给狗狗做去势·避孕手术时，一定要跟家人商量。

● 雌犬马上就会迎来它的第一次发情期。

● 这个时候，如果狗狗乳齿还未完全脱落请及时联系宠物医生。成犬齿长不出来，影响牙齿排列，也有可能会对颌骨的发育造成障碍。

发情期的状态：狗狗的发情期一年有两次。发情期前期是指发情的前 1 周至 10 天。雌性阴部会膨胀出血，接受雄性进入后的发情期，之后的 1 周至 10 天出血停止。而之后的 2－3 周被称为发情期后期，雌性阴部肿胀消退，开始拒绝雄性。

● 这时磨牙越来越厉害。幼犬之间互相咬着玩，因为换牙时嘴里会痒，当看到人的手或者衣服摇摇晃晃的，狗狗会觉得很有趣而去轻咬你。你可以给它一些咬不破的玩具来满足它咬东西的欲望，但同时也要教育它，"人的身体是不能随便咬的"。

● 这期间，雄性和雌性的整体性身心差异开始显现。

● 性格基本定型，开始萌生自我意识。面对陌生的人类或狗狗，雄性开始表现出很强的警戒心或者领土意识，做的记号也越来越多。

● 雄性即将进入性成熟阶段，交配意识逐渐增强。

● 这个时期，狗狗已经可以吃下幼犬吃的干类狗粮或较硬的食物了。

● 第三次疫苗接种完毕后，就可以去室外散步了。在那之前，先在室内给狗狗带上项圈和牵引绳练习一下吧。

● 当第一次室外散步完成时，映入狗狗眼帘的都是新鲜的事物。但一定要注意，不要让狗狗在散步时捡食物吃，或者在室内吃错东西。

● 这个时期，狗狗的食量开始稳定，吃饭的次数也要固定到一天两次左右的程度。给食过多会导致狗狗肥胖，所以一定要测量好食物的量。

● 如果你家附近有同样处于发情期的雌性，而你家狗狗又未做去势手术的话，那么一定要注意，此时狗狗的交配意识增强，可能会出现从家逃跑，或者食欲不振等现象。

1岁～10岁

这个时期被称为成犬、壮犬期，是体力最充沛的时期。一定要保证每天进行充足的运动及健康管理，为老后的生活打下坚实的基础。

身体方面

● 连幼犬时期带有很多黑色毛发的橙色柴犬，到了这个时期，也逐渐脱掉了黑色的毛发。

● 身体基本发育完全。不过，不同的狗狗其成犬期时身体的模样、毛色等都会发生变化。

● 这个时期，狗狗开始显现出从父母那里继承来的体质等特征，发现生病的征兆（第128页）或症状时，一定要及时就医。

● 做了去势或避孕手术的狗狗，其体内荷尔蒙的平衡被破坏，所以即便喂食跟以前相同量的食物时，狗狗也会出现肥胖症状。因此，要在遵循宠物医生建议的情况下，调整食物的量。

心智方面

● 这时有客人到来时会吼叫，对其他的狗狗也会变得严厉，会萌生出优越性意识。要当心它与其他的狗狗发生冲突。

● 带它散步时，如果狗狗不愿意去，它就不想动，照顾它的时候，如果比平时花的时间长，它就会很不愿意。在继承了父母性格的同时，狗狗自身的特性更加清晰。

● 性格变得沉稳，恶作剧也收敛了很多。对主人的信赖越来越深，但同时也表现出任性的一面。这时，不能责骂它，而要善于利用点心、玩具奖励等来处理，避免问题的恶化。

生活方面

● 慢慢替换为成犬的狗粮。

● 散步时狗狗可能会挣脱项圈跑掉，所以要记得给它佩戴养犬许可证、住址牌或者宠物芯片等。

● 2～6岁，这期间狗狗的精力和体力都很充沛。如果你家狗狗特别活泼，那么你可以带它去能遛狗的公园，让它自由地奔跑，或者带它去旅行，但注意距离不能太远，以免使它感受到压力。通过这些方式，会产生很多美好的回忆。

● 和爱犬进行肌肤接触是发现它身体异常（硬块、肿瘤、皮肤脱皮等）的绝好机会。带狗狗散步回来后，最好每天给它检查身体。

5岁　　　6岁　　　7岁　～　10岁

● 骨骼、肌肉、体型、外貌、毛色等特征都稳定了，作为柴犬所具有的趣味也开始表现出来。

● 黑色胡须中开始混杂白色胡须，被毛中也会发现一些白色毛发，开始慢慢地向中年期变化。

● 如果发现狗狗在之前可以轻松地跳上跳下的地方有些迟疑，那么它的体力可能开始一点点地减退了。

● 每年要去宠物医院做几次体检，认真地对待狗狗的健康管理工作。

● 当狗狗出现食欲猛增或不振、饮水多、多尿、逐渐消瘦、运动一会儿就看起来疲惫不堪或者精神不振等情形时，或是发现它与以前不一样的状况时，那么就要尽快带它去宠物医院就诊。

● 牙周炎长期不好的话，口臭会越来越严重，或者出现牙龈出血现象。随着病情的恶化，还可能引发肝病、心脏病，所以狗狗口腔的检查和护理也是不容忽视的。

● 当狗狗睡在喜欢的沙发或者人类的床上时，当你要把它挪开时，狗狗发出呻吟等引人注意的"守护"行为时，要尽早采取（第100页）对策，这点非常重要。

● 以前能做的动作变得力不从心，对狗狗而言越来越没自信，也没什么精神了，这时你要多发出它擅长的指令，或者玩它擅长的游戏，帮狗狗找回自信。

● 虽然年龄增长，但生理本能却未衰退。尤其对于雄性来说，面对异性的本能反应一点没变。

● 以前一直比较冷淡的狗狗，午睡的时候会想要在主人身边，说明狗狗想要得到主人的关爱，主人要给予狗狗关心。

为了防止狗狗从床上滑下来受伤，请铺上地毯，在狗狗的活动范围内，尽量保证没有台阶，睡觉的地方设在一层而不要设在二层，等等。

● 是时候调整老年期狗狗的居住环境了。此外，随着年龄的增长，心脏病或者呼吸器官疾病会变得严重。当主人察觉到狗狗"是不是瘦了"的时候，其实它的体重已经减轻了很多，身体已经受到了很大损害。这个时期一定要关注狗狗体重的增减。

● 这个时期，狗狗的运动量和代谢量都开始降低。可以吸收的食物营养价值大约只有之前的80%，你需要咨询宠物医生并考虑逐渐将它目前的食物替换成老年狗粮。

● 盛夏或严冬季节，你需要重新调整爱犬的睡觉环境，以确保舒适。室外饲养的情况下，在寒冷的夜里，要将狗狗带进屋内，需要采取不让狗狗感到压力的形式。

十一岁及以上

虽然不能阻止狗狗一天天地变老，但是却可以防止疾病的恶化，可以为它们提供舒服的环境。在宠物医生的指导下，让狗狗安享晚年吧。

身体方面

- 狗狗身体大部分变成白色，脸部最为明显。
- 10 岁以上，体重在 10kg 以上的狗狗最常见的疾病是变性性脊椎病或变形性关节炎。主人要注意狗狗的肥胖，不要让它进行不适量的运动。
- 走路变慢，步履蹒跚。
- 牙齿脱落，下颚力量变弱，嚼不动硬的食物。
- 患痴呆症的柴犬数量较多。不同狗狗的发病年龄不同，但当出现以上症状时，请咨询宠物医生。
- 就算到了睡觉的时候，还有很多狗狗依然很有精神！

走路徘徊，不分白天，晚上叫不停，到处排泄，进到狭窄的地方出不来，身体消瘦等。

心智方面

- 视力虽然减弱，但嗅觉却很难衰退。不要给狗狗的身体带来负担，要保证在狗狗力所能及的范围内给它发出指令，通过这些帮它找回自信。
- 由于狗狗身体疼痛的部位被触碰，或是因为视力变弱，看到面前物体而做出条件反射等原因，狗狗也会变得乱咬或乱叫起来。
- 搬家、改变房间的样子或被带到陌生的环境时，狗狗会感到巨大的压力，一定要注意。
- 如果主人没有关注到狗狗的情绪变化，它会感到很寂寞而发出吼叫。这个时期，你要尽量多陪在它身边，和它说说话。如果狗狗喜欢散步，这个时候你还要抱它去外面呼吸新鲜空气，让它散散心也很必要。

生活方面

- 带它进行简单的散步，陪它在院子里玩耍。
- 如果它嚼不动硬的狗粮了，那么你要在宠物医生的指导下，给它换成柔软的狗粮，同时把餐具放到台子上面，减轻它吃食的负担。
- 这个时期，狗狗很容易追着主人跑到门外而迷路。一定要再次检查门窗是否完好，以及时刻留意它的生活环境。
- 走路徘徊或者不能正常排泄的情况越来越多，所以要使用缓冲性好的围栏。当它卧床不起的时候，要确保床垫不要错位。全家合作，一起来照顾它吧。

领养前的准备

饲养柴犬前需要你事先确认的事项，
以及事前需要准备的物品。

你做好照顾它一生的心理准备了吗

买是一瞬间的事, 但养却是一生的事。你真的能给它一生的幸福吗?

从现在起大约 15 年后的家庭构成和环境变化也要考虑进去

天真快乐地玩耍, 睡觉时可爱的样子, 柴犬的幼犬简直就像玩偶娃娃一样可爱。因为自古以来就被人类饲养, 所以和人有亲近感, 与每个月都需要修剪毛发的卷毛狮子狗相比, 柴犬的毛发短, 护理起来较容易。此外, 与拖拽力

气大的大型犬相比, 你可能会感觉柴犬比较容易管理。但是, 就毛发而言, 因为柴犬有双层毛发 (第108页), 换毛期会掉非常多的毛, 这个时期给它打理毛发特别费事, 房间里和人的衣服上都会粘上很多它掉的毛, 你可能会觉得有些烦恼。此外, 尽管体格较小, 但它却有着"自己不想动就不动""讨厌被黏糊糊的东西触碰身体""自我优越感明显, 对他人戒备心强"的性格和气质。

不过, 每天固定两次左右带它散步, 使它的体力得到消耗, 这样当你喂食或者照顾它的时候, 它会非常黏你, 成为你非常棒的伙伴。

狗狗不能说话, 也不能选择主人。可爱的幼犬时期很短暂。每天生活在一起转眼间十几年就过去了, 狗狗也迈入了老年期。

对柴犬而言,散步是必不可少的。每日两次, 一次 30 分钟以上, 有的狗狗雨天也要带出去散步。

● **开始饲养时的主要支出**

家犬登记费：约1000元，以后每年500元。

狂犬病预防接种：50~90元。

混合疫苗的接种：约60元×2~3次。

其他：就诊费、日常用品和狗粮的购买费用。

以上各项费用会因地域不同收取的手续费也不同，不同宠物医院的价格也不相同。此处列举的价格是北京市的参考价格。

● **年均主要支出**

狂犬病预防接种：50~90元。

混合疫苗的接种：约60元×1次。

寄生虫预防药费：约50元。

其他：就诊费、日常用品和狗粮的购买费用。

这期间，它可能会出现遗传疾病，或是生病、遇到事故、受伤等，这些时候都需要支付医疗费。所以，你必须事先认识到，和狗狗一起生活，首先要在食物、日常护理、医疗等方面，付出金钱，有时候甚至连训练都需要支付一定的费用，此外，还会花费不少的精力和时间。

随着狗狗年龄增长，人类年龄也逐渐增长。目前，因为饲养者的高龄化、对宠物过敏、夫妻离异、家庭经济问题等原因，中途放弃饲养的事情不在少数。所以，在领养新的狗狗前，首先要完成右侧列出的测验项目，同时认真考虑今后15年的家庭构成和环境、自己或父母的健康情况以及收入等多方面的问题，以及"自己是否真的能够照顾它到终老"。

此外，还要认真考虑从哪里领养的问题，千万不能因一时冲动就随便领养了。

饲养前，请再次确认！

☐ 你家的环境是否适合饲养狗

☐ 是否得到家人的同意

☐ 家中是否有不适合与狗狗生活，容易过敏的人

☐ 目前，是否有搬家的可能或环境发生变化等

☐ 是否任何时候都能随时准备好狗狗的治疗费

☐ 每天是否有多次，共1个小时的遛狗时间

☐ 是否有充足的时间给狗狗喂食、护理以及训练它

☐ 能否保证不让狗狗长时间独自留在家中

☐ 室外饲养的情况下，周围邻居是否讨厌狗

☐ 是否做好了照顾它终老的心理准备

时间、精力、经济能力以及领养后能否照顾好它等，都是你在领养狗狗前需要认真考虑的。不中途放弃，照顾它的一生是主人的责任。

先备齐必需的日常用品吧

为了迎接即将到来的狗狗，你需要事先准备居住空间以及每天的生活、护理和训练所必需的物品。

笼子　　　围栏

笼子/围栏

可以作为狗狗的房子，进行如厕训练或遇到险情一起避难时也可以使用，因此最好事先准备。

饮水器

饮水器有水不易溢出，稳定性好的，也有带管嘴的，你可以根据家中环境进行选择。

狗粮和狗食盆

先询问领养处最初喂食的狗粮种类，然后准备一样的狗粮。狗食盆要选用稳定性好的。

便携箱

乘车，去医院或带狗狗出去旅行之类的场合都能用到。当然也可以当狗狗的房子用。

狗狗便盆/尿片

狗狗便盆和尿片是必需品。尿片有标准型和加宽型的，如果你家狗狗会咬破尿片，那么你还可以选用网状尿片。狗狗便盆的尺寸和种类也有很多。

玩具

推荐又能咬、又能拉伸的绳状玩具，以及可以塞进零食、用于看家时的益智类玩具。如果给它棉质的玩具，它独自在家时可能会咬破玩具，吃掉里面的填充物，所以一定要注意。

毛毯/毛巾

用来铺在便携箱或围栏里。可以当作睡觉用的床，狗狗闻到上面残留的自己的味道，能够安心入睡。

住址牌

万一狗狗走丢或找不到的时候，能够派上用场。请选用防水型的。

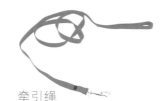

牵引绳

因为刚刚开始饲养，所以推荐较轻，适合自己手感并且容易操作的牵引绳。第一次外出散步前，请先在室内练习使用。

项圈

疫苗全部接种完毕后才能外出散步。请选择可以调节大小的项圈，刚开始请先在室内练习如何给狗狗佩戴项圈。

➡ 便捷工具

瓷砖垫

可以贴在地板上起到防滑的作用，脏的地方直接撕掉换上新的即可，非常方便。

防止搞破坏用的围栏

不想让狗狗进入的区域可以用围栏之类的东西围起来。也可用来防止狗狗从台阶上滚落，或进入厨房吃错东西。

➡ 日常养护工具

针梳

这是每天给狗狗刷毛时不可或缺的梳子，也有很多种（第110页）。请选择符合需要的梳子。

指甲刀

很多柴犬不喜欢剪指甲，因此要在幼犬阶段就多练习，让狗狗养成经常剪指甲的习惯。

湿纸巾

散步回来时使用。用来擦脸、脚、背部、肛门等部位，非常方便。

牙刷

种类较多，有戴在手指上的，也有纱布材质的。儿童用的牙刷也是可以的。

室外饲养所需要的物品

在室外进行饲养的情况下，必须准备好防雨防风，防止阳光直射的适合狗狗居住环境的房子。要是需要拴住狗狗，可以选择有一定长度的结实的拴狗绳，保证狗狗能在周围自由运动，并不会被狗狗轻易咬断。

在室外饲养狗狗时　需要了解的事项

为了狗狗能够健康生活，在放狗狗到室外生活的时机和注意事项等方面，主人所要做的事有哪些呢？

过了一定阶段要让狗狗向室外生活过渡

以前，柴犬一般都是在室外饲养。不过，现代市中心区域住宅密集，因犬吠、犬的异味、脱毛等问题与邻居发生矛盾的情况也屡见不鲜。将来如果想在室外饲养狗狗，邻居中又有不喜欢狗狗的人，就需要在饲养狗狗前事先与邻居进行沟通，说"打算在附近的院子里饲养狗狗。会注意不给您添麻烦，但如果您介意的话可以对我说"等，使邻里交往能够顺利地进行。

那么，在做好准备之后，什么时候可以让狗狗开始室外生活呢？比狗狗的月龄更值得关注的是，狗狗应接种完基本的疫苗注射。大概在狗狗出生后4个月左右，在不冷不热舒适的季节是开始室外生活合适的时机。此前，与主人共同在室内生活，某一天突然让狗狗单独在室外生活，狗狗也会因此感到寂寞发出悲鸣，或者身体出现问题。刚开始在家人的关怀下，可以白天让狗狗待在室外，晚上的时候让狗狗进门，经过一定阶段，让狗狗渐渐向室外生活过渡。

多数情况下，白天狗狗在室外，晚上的时候狗狗在门口或者室内。此外，狗狗在外面的房子要能够感受到家人的气息，要设置在与路人接触不到的地方。要考虑爱犬的性格，不要强行让狗狗开始室外生活！

将狗狗放到室外生活的时间大概在狗狗出生4个月后。如果担心的话，可以咨询经常就诊的兽医，同时考虑爱犬的身体状况和性格予以调整。

一些低龄柴犬相当好动，会挖洞，会破坏栅栏而逃脱，这点一定要当心。

一些植物狗狗如果误食的话会中毒，要避免狗狗误食院子里的植物根部和肥料。

在室外饲养未进行避孕手术的雌犬，在发情期为了避免它和别人家的雄犬进行交配，请将狗狗的房子用结实的围栏围起来。

有些狗狗自己愿意选择在室外生活

有些狗狗喜欢在室内与主人共同生活，也有些狗狗喜欢独自在室外生活，柴犬有自己非常鲜明的特征。晚上，尽管主人催促，它也不愿意进屋，在寒冷的冬天，有些狗狗会从房子里拽出毛毯睡在室外。随着成长，狗会显现出不同的个性，要顺应爱犬的喜好，为狗狗调整生活环境。无论是室外饲养，还是室内饲养，教养和照料的方法基本是相同的。柴犬过了1岁，其所特有的领土意识和看门犬的性格特质日渐明显。在本书第46页就柴犬在室外饲养的生活环境进行了详细介绍，为将来柴犬的饲养者提供参考。

➡ 夏天

任何时候都要让狗狗可以喝到新鲜的水，不要忘了给狗狗营造一个乘凉的地方。

水要充足

室外饲养特别要注意防止狗狗中暑，就算水被弄撒了，为了使狗狗能够喝到其他的水，可以在几个地方放置水。

采取万无一失的乘凉措施

狗狗的房子在向阳的地方时，可以放置苇帘营造一个阴凉处，一定要给狗狗营造一个可以防止阳光直射的场所。

➡ 冬天

保持狗狗房子内的温度，晴天的时候能够晒到日光浴

用毛毯进行保温

冬天的夜晚非常寒冷。狗狗的房子里要放入毛毯，风大的时候采取添置防风板等防寒措施。

尽量进行日光浴

拴住狗狗的时候，为了让狗狗能够自由移动，享受阳光的照射，可以使用较长的牵引绳。

领养幼犬前需要做的最终确认事项

在领养幼犬前，请和家人或者预计将一起照顾狗狗的人一起来确认。

☐ **给幼犬打造一个舒适的生活环境，不能太冷，不能太热**

　　房子或围栏的安放地点，应该在参考家人意见的同时选取一个能够让狗狗安稳睡觉的位置，一定要设在一个一年四季都不会被太阳直射的位置。

☐ **需要狗狗长时间留守家中时，有值得信赖的朋友帮忙照看**

　　先找一个可以代替主人帮忙照顾狗狗的亲戚或朋友，如果没有合适的人选，可以考虑托管到宠物保姆或宠物旅馆。

☐ **家人一起讨论狗狗的训练方针**

　　每个人的训练方法不同的话，狗狗容易混乱。因此，要事先商议训练狗狗的主要负责人或者训练方针。

☐ **全家外出时的对策**

　　遇到不得已全家必须外出的情况，要事先决定把狗狗托管到哪里，或拜托谁来家里照顾狗狗。

☐ **主人的身体状况良好**

　　每天要带狗狗散步两次，还有做日常养护，准备食物，因此，主人身体状况不好的话，是不能照顾好狗狗的，特别是散步，这是必须项目。因此，一定要确保自己的身体状况良好。

☐ **必备物品已准备齐全**

　　最好从幼犬到来那天起就进行相关训练，如厕训练以及养护练习。因此请最终确认是否有忘记购买的物品。

☐ **领养幼犬后的一周内，请安排值班表，以确保每天家里都有人**

　　环境的变化可能会影响狗狗的身体状况，同时为了掌握狗狗上厕所的时间并且引导它到正确的地方上厕所，最初的一周，请尽量留在家里。

☐ **确定照顾狗狗的人选及任务分工**

　　第一次散步后，谁负责早上遛狗，谁负责晚上遛狗以及什么时间去之类的任务分工请事先安排好。

☐ **选定宠物医院，取得联系**

　　领养当天要带狗狗去做体检，因此，请务必事先选定一家附近的宠物医院，掌握医院的联系方式和停诊日等信息。

☐ **请规定，当狗狗身体状况出问题时，应该由谁、以何种方式带狗狗去宠物医院**

　　有时狗狗的身体状况发生恶化时，家中能够开车的人可能去上班了，这时车子就不能用了，因此，要准备紧急时刻可以使用的交通工具或联系方式等。

准备好了嘛？　　嗯！

开始是非常
重要的哟~

3

从领养那天起，
需要做的事情

期待已久的与柴犬的共同生活终于要开始了！
让我们来详细介绍一下领养当天的准备工作吧。

领养当天的流程

期待已久的与柴犬的共同生活终于要开始了。环境的改变会让幼犬感觉不安，所以精心打造一个可以让幼犬安心的环境吧。

上午去领养，回家前先去宠物医院

当天，请上午去领养，回家之前先带它去宠物医院做全身体检，然后再带回家。环境的骤变会影响幼犬的身体状况，所以下午让幼犬好好休息。如果在傍晚去领养的话，那么一定要在第二天一大早就带它去宠物医院做体检。

携带的东西

需要携带用来记录注意事项的笔记本和笔。

可以放得下幼犬的箱子等。

箱子里先铺上毛毯或毛巾。

移动距离较远时，中途记得给幼犬喂水。

移动过程中幼犬可能排泄，所以准备好处理用的袋子。

带上尿布和湿纸巾等。

➡ 到达领养处

将要咨询的事项都记录在本上

面对一直以来照顾幼犬的店员，有些问题你必须要询问清楚，同时也有一些物品必须索要，千万不要遗漏。最好当天拿到的物品有：血统证书、已接种疫苗的证书等。为了减轻幼犬的不安，最好索要它一直玩的玩具，或者有它气味的毛巾等物品。

➡ 去迎接

使用幼犬感觉舒服的交通工具

有些幼犬会因不习惯移动而紧张，此外，柴犬是容易晕车的体质，所以移动距离尽量要短一些。如果你驾车去迎接幼犬，那么请注意要用安全带固定住箱子，同时保证车内温度适中，空调出风口不能直接对准幼犬等。

血统证书

疫苗接种证明

需要跟领养处确认的事项

排泄的次数和状态

一天中在什么时间排泄、排泄几次、以及排泄前的表现等。最好能有健康状态下幼犬便便和尿液的照片。

关于食物

狗粮的种类、量、喂食方法（狗粮泡软方法等）、次数、饮食习惯（饭量小之类的）。

幼犬的性格

倔强、温顺、喜欢人类等，事先询问清楚的话，对今后狗狗的训练很有帮助。

关于病历和父母

在对方可告知的范围内，询问幼犬的病历、父母的性格等。

➡ 回到家以后

首先把幼犬放到围栏里

乘坐交通工具以及环境发生巨大变化使得幼犬身心疲惫。所以，回到家以后，先把幼犬放到事先准备的围栏里。狗狗稍作休息后，会喝点水，然后应该会排泄。收拾好排泄的东西后，让它好好休息。

提示

喂幼犬喝水吧

▼

喂食

到了吃饭时间，请给幼犬喂食，食物要跟以前的食物保持一致。有时因为紧张和疲惫，幼犬第一天可能不想进食。如果过了30分钟，狗狗还是不吃，那么请暂时把食物撤掉。

狗狗排泄后，请立即打扫，并换上新的尿片

▼

让它玩耍

当幼犬睡饱了、食欲恢复了、排泄物也正常了以后，把它从围栏里放出来，自由活动10分钟左右。它会在室内四处探索，你要在它身边看着，片刻不离。

为了能让幼犬睡得安慰，你可以用布把围栏盖上

▼

让它好好休息

zzzzz……

第一天，把幼犬从围栏里放出来一次就可以了，最重要的还是让它好好休息。如果它叫唤着要出来，只要你不理睬，它就会放弃，然后去睡觉。最重要的还是睡眠充足。

注意！

不溺爱也是爱

幼犬太可爱了，你可能不知不觉的就想摸摸它、跟它玩耍，但不溺爱，让它好好休息也是十分重要的。同时，要仔细检查幼犬的排泄情况和健康状况。

▼

晚上也让它在围栏里休息吧

领养后的健康检查

只有主人能够守护幼犬的健康。任何细小的异常都不要放过，发觉不对劲立即送宠物医院。

稍有延迟就会有生命危险，身体状况管理一定要万无一失。

万一幼犬在领养处感染了疾病，很有可能传染给家里不满2岁的幼儿或者家中的狗狗。此外，幼犬的病情经常会骤变，发现晚了就会有生命危险。因此，即便幼犬看上去很健康，也要在它来到家里前带它去宠物医院做全身检查。

食欲和精神状态

领养当天，幼犬因为疲惫会显得很老实。但一般来说，幼犬除了睡觉的时候，其余时间都是活蹦乱跳的。如果你家狗狗在领养的第二天依然没有精神，没有食欲，那么它很有可能是感染了某种病毒或细菌，或者是身体有旧疾。

排便的状态

健康的便便用纸巾抓起来是硬的。如果你家幼犬的便便比较软，那么就要带上便便去咨询宠物医生了。此外，有的狗狗肚子里会有寄生虫，因此，有时便便中会混有白色的、长长的、在蠕动的东西。这时要立即带上便便去宠物医院。

咳嗽

幼犬咳嗽的话，一般疑似得了以下两种病，即犬传染性支气管炎和犬瘟热。尤其在冬天，病毒活动频繁，患犬传染性支气管炎的概率比较大。如果在医院接受了传染性支气管炎的治疗仍不好转的话，那么就可能得了犬瘟热。

发痒

发痒多是因为长了跳蚤。如果幼犬用脚挠身体，或者后背和腰部的毛脱落，那么先将幼犬放到一张白纸上，然后用梳子梳理全身的毛。如果发现有类似垃圾的小黑粒（跳蚤的粪便）或小白粒（跳蚤的卵）掉落到纸上，那么要立即带幼犬去医院。

是否有湿疹

如果皮肤出现异常，如下腹等部位出现红色湿疹或者类似粉刺的东西，要立即带狗狗去医院就诊。狗狗的皮肤疾病有时会传染给人类，再加上皮肤病的种类很多，所以一定要特别注意。

爪子是否伸展

如果幼犬的爪子处于伸展状态，那么它很有可能是爪子挂在了地毯之类的东西上跌倒了，从而导致的骨折。如果它出生以来没剪过指甲，那么可能是爪子缝隙里塞满了便便之类的东西。所以，先用指甲刀给它剪指甲吧，同时别忘了给它一些奖励哦。

好痒呀~

让狗狗早期养成好习惯

作为柴犬训练的基础，在其幼犬阶段就要坚持每天培养。所以在饲养狗狗的早期就开始练习吧。

把它培养成不怕被触摸的狗狗吧

柴犬不喜欢别人碰触它的身体，或者在宠物医院接受治疗时用力反抗，没办法抱住或固定住它。如果在幼犬时期就让它习惯了被人触摸，那么在接受治疗或者每天做护理的时候，就会省很多事。为了避免它的反抗给你和它自己带来的压力，坚持每天练习是很必要的。

试着摸它的嘴巴

用手试着摸它的嘴，使它习惯张开嘴巴。习惯人用手指摸他的牙齿和牙床，这对给狗狗刷牙或者喂药时非常有用。

试着翻起它的耳朵

在幼犬放松的状态下，摸它的耳朵，然后试着翻起它的耳朵，检查是否有液体分泌物或炎症。

试着抱它

抱起幼犬，试着触摸它的背部和胸部等部位。在它感觉很舒服的部位，轻轻地多抚摸几下。

让它仰起身，摸它的肚子

仰身抱着它，抚摸它的肚子。如果在这种姿势下，它也表现乖巧的话，那么日常的健康检查就很容易了。

试着用手喂食

试着用手给它喂食，目的是为了让狗狗产生人的手是给它喂食的"友好东西"的印象。

> **提示**
>
> 如果狗狗反抗的话，不要勉强，给它一些奖励，让它慢慢适应
>
> 当幼犬处于兴奋状态，或者磨牙比较严重无法触碰的时候，不要勉强，给它一些点心之类的奖励，然后循序渐进地触碰它的身体，让它慢慢适应。

领养当天容易遇到的问题等

"它为什么有这种行为？"，第一次和柴犬生活的主人都会有很多类似这样的困惑。下面介绍一下领养当天柴犬令人困惑的行为和应对办法。

面对陌生的环境、陌生的人类，幼犬非常不安

离开了熟悉的地方，幼犬独自来到一个新家。领养当天，幼犬可能会做出以下行为，你要好好守护在它身边，努力去体会它的不安情绪。幼犬的适应能力很强，所以它可能很快就会跟主人熟悉起来。

好怕怕……

➡ 胆怯
开始可能害怕男人

在店里时，女性照顾幼犬的情况居多，如果幼犬对于男性的声音不习惯的话，很有可能会害怕家里的男性。不过随着男主人和幼犬的接触日益增多，以及精心照顾，它很快就能熟悉起来，因此不必担心。

踏实呢～觉得不

大家都去哪了～

➡ 不进食
使用相同的狗粮

紧张、不安加上疲惫，幼犬第一天不吃饭的情况较常见。此外，狗粮、食器的不同，也可能导致幼犬第一天不吃饭。因此，狗粮的种类和形态一定要保证和以前一样。

不太好像对……

➡ 夜里乱叫
一直跟母犬和兄弟姐妹生活在一起的幼犬，有时会寂寞

有的幼犬晚上从不乱叫，也有的幼犬整晚乱叫，或是接连好几天一直乱叫。特别是一直跟母犬或兄弟姐妹生活在一起的幼犬，夜里叫得更激烈。有的幼犬是嘤嘤叫，有的则像成年犬似的远吠，声音低沉而洪亮。如果你家狗狗夜里叫得厉害，你可以尝试睡在围栏附近陪它。

啊啊——
天气真棒！♪

让幼犬生活舒适的秘诀

关于住、食、训练以及必须让幼犬掌握的散步等相关问题，教你一些实用的技巧。

幼犬的一天

幼犬年龄越小，睡眠时间越长。在它睡觉的时候千万不要打扰它，等它睡醒了，再跟它一起玩耍。

吃好、睡好、玩好，在主人的关爱下健康成长

幼犬健康成长的必要条件是吃好、睡好、玩好，还有主人对它的爱。特别是在幼犬出生后约两个月左右，在它很小的时候，主人要尽可能地感受幼犬的生活节奏，照顾它吃饭、排泄。幼犬吃饭和排泄的次数以及睡眠时间都会随着年龄的增长而减少，所以你要温暖地守护在它身边。

吃饭

厕所

出生后两个月左右，每天分3～5次喂食

出生后6～7周，幼犬开始断奶，一般领养的时间都是在幼犬两个月大的时候。这个时期，每天要分3～5次给它喂食，每次少量。如果幼犬长时间没进食，容易出现低血糖，所以一定要注意。

起床后、饭后、玩耍后是上厕所时间

与吃饭的次数一样，幼犬越小，排泄越频繁。一般在幼犬刚睡醒、刚吃完饭、运动后或者玩耍中最有可能排泄。在收拾排泄物的同时，注意给幼犬进行如厕训练，同时通过排泄物的状态观察它的健康状况。

玩耍

> 喜欢 啃着啃着好

从睡梦中醒来，就到了玩耍时间了。

幼犬从睡梦中醒来开始活跃起来，主人这时要给它玩具，并跟它一起玩。此外，让幼犬在房间内来回走动也是满足它好奇心的游戏之一。在确保室内没有危险物品的前提下，让它尽情地探索吧。

睡眠

> 呼呼大睡……

幼犬的睡眠特别重要，别吵醒它。

两个月大的幼犬特别可爱，你可能不知不觉地就想吵醒它、跟它亲近。但这个阶段，别吵醒它，让它安安静静睡觉很重要。有时它可能玩着玩着就睡着了，你要记得把它抱回它的房子里。

出生后 4 个月·雄犬
（来家里 1 个月）的一日的生活

此处只是举了一个例子。你要根据自家幼犬的状态，找到它的规律，然后好好照顾它。

时间		
6：00	起床	● 上厕所 ● 吃饭
8：00		
10：00		● 玩耍 ● 上厕所
12：00		● 吃饭 ● 上厕所
14：00		● 玩耍 ● 上厕所
16：00		● 吃饭 ● 上厕所 ● 玩耍
18：00		
20：00	睡觉	● 玩耍 ● 上厕所

除了吃饭、上厕所、玩耍、被吵醒外，其他都是睡眠时间！

如果你家幼犬的房子设在客厅，那么最好早点关掉电视机。为了让幼犬睡得好，还可以给房子盖上布。

关于居住空间

　　如果有一个舒适的房子，那么可能会减少幼犬在成长过程中出现的各种各样的问题。在饲养的初始阶段好好学习吧。

当幼犬记住房子和厕所的位置后，就可以扩大它的活动范围了

　　在饲养的初始阶段，为了方便幼犬记忆自己的房子、睡觉位置以及厕所的位置，要尽可能地限定幼犬的活动范围。

　　为了不让幼犬感到寂寞，可以把作为房子的围栏或者笼子安放在客厅之类的家人聚集的地方。避免放置在空调出风口以及太阳直射的位置。

　　此外，房子不能放在进出较频繁的门口附近，要放在房间的角落里。因为那里比较安静，幼犬能够安心睡觉。晚上，为了让客厅里的幼犬早早休息，可以用一大块布将房子盖上。

　　经常外出的家庭可以准备较大的围栏，在其中准备好水、厕所、床铺和一只安全的玩具。

　　此外，围栏最好准备有屋顶的那种。因为随着年龄的增长，幼犬的体力越来越大，活泼的幼犬很有可能爬出围栏，在家人都不在家的时候，在房间内随意走动、排泄，甚至搞破坏。

　　幼犬对它的房子、厕所有了清晰的认知后，慢慢地扩大幼犬的活动范围。在像厨房这种不想让幼犬进入的区域可以设置防侵入的保护栏等，以免发生误饮或者其他意想不到的事故，这也是十分重要的。

不要使用易滑倒的地板

　　疫苗全部接种完毕前，不能带狗狗去散步。在家中玩耍时要在地板上铺上地毯，防止打滑，以及减少狗狗脚部的负担。

　　其次，走廊的地板也要下功夫，把它变身为雨天狗狗也能奔跑的游乐场地。

准备一个让狗狗安心的房子

根据房间的大小以及布局等，选择合适的房子。最重要的是"狗狗是否能够住得安心"。

为了让狗狗觉得房子很放心，有个好印象，不要勉强把它塞进房子里。

● 室内房子的设置案例

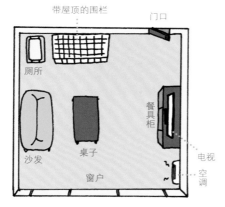

最初将围栏或笼子放置在家人聚集的客厅，避免放在房间出入口附近和空调出风口等位置，按照第86页、87页的便携箱、围栏出入练习进行训练，使狗狗在家中有来客人或家中无人时能够老实地待在房子里。

使用起来很方便的围栏

建议使用围栏做房子，同时也可在厕所训练时使用

如果狗狗喜欢便携箱，那么带它移动时也很容易

乘车时使用便携箱很方便。如果狗狗平时就适应了箱子，就会很轻松。

如果只在家中无人时放狗狗进房子的话

刚开始你可能很犹豫，房子到底应该设计成什么形状。不同性格的狗狗喜好也不同，有的狗狗不喜欢笼子的金属声音，有的狗狗则不喜欢被关进围栏的感觉。

为了让房子舒适，它的放置地点、

里面的设置也很重要，但最重要的是狗狗自身觉得"我喜欢这个地方，很安心"。如果勉强把它关进房子，或者家中无人时才把它关进房子，那么它会觉得"房子是一个被关起来的地方"，就会讨厌房子。因此，要在巧妙利用点心或者玩具等奖励的同时，给狗狗留下"待在房子里会有好处"的好印象。

家中危险的物品和地点

成长期的幼犬好奇心旺盛。主人稍有不注意，就会做出意外的举动。为了避免发生事故，要仔细检查室内环境。

很多柴犬能够一下子叼住从高处掉下来的东西。（第84页）如果训练过它的话就能放心。

即便狗狗很老实，也不能掉以轻心

在家里，到处都是能够激起狗狗好奇心的物品。此外，狗狗天生"喜欢咬东西"，所以家里的家具和墙壁有时会被狗狗咬。如果狗狗去咬家用电器的电线，很有可能会触电，因此即便"爱犬看上去很安静"，也不能掉以轻心，要每天检查家中是否有危险的物品和地点。

此外，当主人不在家时，狗狗在紧闭的室内中暑的事件会时有发生；因智能空调无法察觉狗狗的存在而停止工作，导致狗狗丧命的事件也会发生。夏天家人不在家的时候，要给狗狗备好充足的水，房间的温度管理、狗狗待着的房间或地点的阳光照射等事项要特别注意。此外，发生地震时家具的倒塌也会使狗狗受伤，因此，在耐震方面也要做好万全的准备。

上下台阶抱着狗狗会比较放心

从台阶上滚落有可能导致骨折，甚至死亡，可以抱着狗狗上台阶，或采用其他办法不让它爬台阶。

不想让狗狗进入的区域就用围栏挡起来

台阶、厨房、浴室、门口等不想让狗狗进去的地方，要设置围栏。

视线要片刻不离

取快递、打电话的间隙狗狗都有可能搞破坏，一定要注意。

注意误食事故

此处举几个简单例子。检查一下在主人视线所及之处是否会引起爱犬误食的物品!

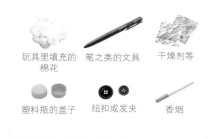

玩具里填充的棉花　　笔之类的文具　　干燥剂等

塑料瓶的盖子　　纽扣或发夹　　香烟

家中危险物品·地点的检查列表 ☑

你家室内对爱犬来说是安全的吗?和家人一起认真检查一下吧

☐ 厨房地板上不放置任何食材

☐ 洗涤剂等放在狗狗够不到的地方

☐ 限制上下台阶

☐ 玄关的门敞开狗狗也跑不出去

☐ 平时不在浴缸中贮水

☐ 在插座附近不积聚狗狗的毛

☐ 电器电线使用耐咬的

☐ 垃圾箱有盖子

☐ 教会狗狗"吐出来"的指令

保持地板清洁,狗狗所及之处不放置任何物品

狗狗误食最坏的结果是进行剖腹手术,甚至丧命(处理方法在第140页有详细介绍),因此,室内饲养狗狗的注意点之一就是防止误食。

地板上放着的洋葱、生米之类的东西,吃了会使狗狗拉肚子。还有一些主人意想不到的东西狗狗都会放进嘴里,例如手机、电视遥控器、信用卡之类的。如果它爱翻弄垃圾箱,那么就要将垃圾箱换成带盖的,同时勤扫地,保持地板清洁,狗狗所及之处不放置任何物品。另外,不要过于相信你的爱犬,放弃"我家狗狗很乖,没问题"的想法。对于误食事故,再怎么注意都不过分。

X射线照片中看到的误食物品

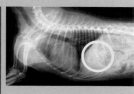
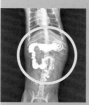
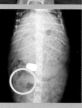

(右上)绷针。(左上)带状异物。(下)金属笔帽。在知道狗狗误食物品的情况下,将其形状、大小告诉医生将有助于误食物品的取出。

在室外生活的时候

柴犬的领土意识强烈。

为了使犬吠不给客人带来烦扰，营造一个狗狗和人都非常舒适的居住环境吧。

为了使犬吠不给客人带来烦扰，要营造一个狗狗和人都非常舒适的居住环境。

防暑防寒措施要确保万无一失!

防暑防寒措施要确保万无一失。特别是夏天，要为狗狗营造一片阴凉的地方，一定要考虑周到哦!

勤快地给狗狗进行检查

与在室内饲养的狗狗相比，在室外饲养的狗狗与主人的接触时间较少。主人一定要牢记勤快地给狗狗进行检查。

令周围的人觉得害怕的狗狗

粘贴如＂当心猛犬＂等字样的贴纸，将咬人事故防患于未然。

● **室外房子的设置方案**

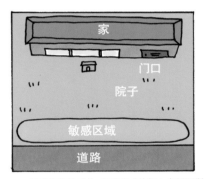

随着狗狗的成长，很多柴犬的领土意识逐渐增强。狗狗的房子要远离道路和邻居家的边界，设置在靠近走廊等能够感受到家人气息的地方。根据情况，建议放置能够阻挡别人视线的东西。

也要采取限制狗狗活动范围的方法

院子是柴犬非常重要的居住空间。在一定程度上限制狗狗的活动区域，也会减弱狗狗的戒备心和减少犬吠。

在狗狗居住空间的前面设置花盆，用以替代围墙，简单便捷。

要防止狗狗吼叫、脱毛、异味、攻击别人

在院中饲养狗狗时，要注意不要让狗狗的吼叫、脱毛、异味给邻居增添烦恼。此外，也有在室外饲养的狗狗吼叫咬伤来访人员的事例，所以要充分考虑到来访者和过路者，防止狗狗对他们造成伤害。

问答环节

Q 什么时候可以把围栏去掉

A 在宽敞的围栏里放置狗狗的厕所和睡觉的箱子，最终想卸下围栏时，首先将围栏的门打开，让狗狗能够在围栏内外自由走动，确认狗狗能够在围栏内如厕；然后，再确认狗狗睡觉的地方与厕所是分开的状态，这时去掉围栏也是没有问题的。

Q 狗狗为什么不进在室外给它设置的房子

A 在房子里狗狗伸展不了身体，因空间狭小而心生厌恶，房子里没有窗户，夏季通风不好，房子里面有之前住过的狗狗的味道等原因，所以不愿进入，狗狗不喜欢房子的理由有很多。主人若觉得随着狗狗逐渐长大，它的房子空间狭小时，要为它换一个新房子，为通风差的房子增加窗户等，重新对狗狗的房子进行安排。

不要忽视狗狗房子的位置和形状，要研究房子的位置和形状。

Q 为什么一进入围栏就叫个不停

A 在家人外出的时候把狗狗放入围栏，或在它搞破坏的时候把它关进围栏，可能会给狗狗留下围栏或者房子不是好地方的印象。狗狗不喜欢现在的房子时，要果断用箱子替换围栏，通过让狗狗只在围栏内吃喜爱的零食等方法让狗狗对房子持有一个好的印象，从而改变它对房子的看法。

Q 怎么制止狗狗越过围栏啃咬墙壁

A 首先将狗狗的围栏设置在远离墙壁的地方。然后，为了不让看家的狗狗无聊，给狗狗能够解闷的玩具（在漏食球里放上狗狗所喜欢的食物），将狗狗放入围栏前带它出去散步，玩拖拽游戏，充分地消耗狗狗的体力。可在墙壁和围栏之间插入木板，让狗狗无法啃咬墙壁。

关于食物

关于干类狗粮、带配菜狗粮、自制狗粮、点心……食物是身体之本,首先学习一下食物方面的知识吧。

购买时请仔细确认包装袋上的标识

1岁前,要以营养价值高的幼犬用综合营养狗粮为主食进行喂养。狗狗容易吸收干类狗粮中幼犬必需的营养成分,同时因其较硬,所以不易生牙石也是其特点之一。注意不能喂食人类的食物。要结合年龄和体重,将一定量的狗粮和水混合在一起喂食。

此外,检查包装袋上是否标记了❶ 综合营养狗粮;❷ 原产国是否为可信赖的国家;❸ 原料是否为纯天然;❹ 原料包含了哪些东西(狗狗属于过敏体质的话一定要检查);❺ 生产日期和保质期是否标明。购买前一定要确认这五项。

1岁前要给狗狗吃营养价值高的综合营养狗粮。

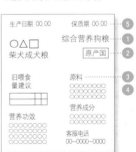

随着狗粮变为狗狗食物的主体,以及狗狗的家庭饲养化,近年来狗狗的寿命有所延长。

● 禁止喂食的东西

- ● 巧克力
- ● 串状食物
- ● 葱类食物
- ● 章鱼、墨鱼类
- ● 酒精类
- ● 葡萄
- ● 油炸食品
- ● 咖啡

人类食物中,有些东西狗狗吃了会食物中毒或消化不良,所以绝对不能喂食。

次数·量

幼犬期分 3～5 次,成犬每天 2 次

出生 4 周后开始食用浸泡过的狗粮,6～7 周断奶,慢慢习惯吃干类狗粮。领养时狗狗两个月大,每天分 3～5 次少量喂食。随着年龄的增长,喂食次数也要减少,长成成犬后改为每天喂食 2 次。根据狗狗的体重适量给食,注意不同人喂食时也要保证食量不变。

家庭成员较多的家庭,如果每个人喂食的量不同会造成幼犬肥胖,所以平时要养成喂食前称量的习惯。

种类

幼犬型狗粮.减肥型狗粮等多种多样

干类狗粮分为幼犬型狗粮、减肥型狗粮、老年型狗粮、处方型狗粮等很多种。1 岁前,喂食营养价值高的幼犬型狗粮,之后根据健康状况逐渐替换类型。需要注意的是,不能给幼犬喂食减肥型狗粮,不能给青年犬喂食老年型狗粮。一定要适量喂食符合其年龄的综合营养型狗粮。

 幼犬型狗粮　 老年型狗粮　 减肥型狗粮

如果你家狗狗对鸡肉过敏,那么狗粮要选用"羊肉 & 米饭"型的,诸如此类,请选择适合你家爱犬身体和健康状况的狗粮。

更换方法

更换成新狗粮需要花费 1 周的时间

领养幼犬后,先喂食和领养前一样的狗粮。需要更换狗粮类型时,不要一下子改掉,而要按照右图的指示,每次放入部分新狗粮,边观察爱犬的身体状况 (食欲、便便、眼泪和皮肤的状态等) 边慢慢更换。极少数狗狗对狗粮过敏,因此要十分注意。

第 1 天混入约 1/4 的新狗粮

第 4～5 天混入一半的新狗粮

第 7 天左右更换完成

更换狗粮过程中狗狗身体状况恶化的话,请咨询经常就诊的医生。

喂食时间

散步之后,状况稳定后再喂食

食物要在狗狗散步回来后,状况稳定后喂食。如果狗狗尚处于兴奋状态,就会匆匆忙忙地吃饭,导致随食物吸入大量的空气,增加胃肠的负担。此外,深夜喂食也会造成消化不良,最好避免。如果主人经常外出,可以尝试给狗狗使用自动喂食器。

最好在平静的环境下给狗狗喂食。对于匆匆忙忙吃饭的狗狗,建议你可以试着用手一粒一粒地喂它吃。

自制狗粮和配菜

如果主人想喂食自制的爱心狗粮,那么有些注意事项需要事先了解。

给狗粮加配菜时,一定要混合均匀,以保证狗狗吃光所有的狗粮。

配菜的量应该是狗粮量的10%~20%,注意不要让狗狗只吃配菜。

需要在营养平衡方面多下功夫

狗狗饮食的营养分配比较复杂,因此,如果主人决定完全喂食自制狗粮的话,需要在咨询经常就诊的宠物医生或专家的前提下,制作出适合爱犬身体状况的食物。

不过,自制狗粮的话主人可以仔细考察食材,购买的材料也比较放心。烹饪时切忌不要加热过度。同时由于维生素受热易分解,如果给狗狗吃过多的高温加热后的肉类,容易使狗狗患硫胺素(维生素B_1)缺乏症,或者引起痉挛甚至有死亡的危险。因此,不把食物煮沸腾是自制狗粮的要领。给狗粮加自制食材作为配菜时也是一样,同时注意配菜的量应该控制在狗粮量的10%~20%,为了防止狗狗只吃配菜,一定要把配菜和狗粮混合均匀。

狗狗必须的营养素

狗的祖先原本是食肉动物,自从跟人类开始生活后,进化成了杂食性动物,开始食用包括碳水化合物在内的食材,饮食生活也发生了很大变化。"蛋白质""脂肪""碳水化合物""维生素""矿物质营养素"这五项是动物维持身体健康的必备营养素,而狗狗需要的蛋白质是人类的4倍之多。但是,蛋白质摄入过多会导致肝脏、肾脏功能障碍,摄入过少又会影响狗狗的精神和毛发颜色。此外,狗狗需要的脂肪量也比人类多,但摄入过多会导致肥胖。营养失衡可能会导致狗狗的肝脏、皮肤、神经、肌肉等部位出现异常,因此,给狗狗喂食自制狗粮时,必须要满足其所需要的全部营养素。

点心的正确使用方法

点心并非想什么时候喂就什么时候喂,应该作为奖励有效地利用。为了爱犬的健康,建议购买优质原材料做成的点心。

点心的量应控制在狗狗一天食量的10%以内,喂食过多容易造成偏食或肥胖。

点心总量相同的情况下,分成几小块喂食可以使狗狗开心好几次。可以事先将点心切碎以备用。

建议按级别利用点心

选择点心时请将狗狗的健康放在第一位。有的狗狗可能对食材或添加剂过敏,因此,刚开始先一点点喂食,并观察狗狗的状态。只有适合狗狗身体的点心才可用作训练时的奖励。点心不能代替狗粮,它只是一种娱乐或是一种奖励。此外,有些狗狗对于吃不惯的东西不愿意吃,因此,建议主人在狗狗小时候就让它尝试吃各种各样食材的点心。通过这种方式,你能知道狗狗的喜好,如果它漂亮地完成了你的指示,就可以把它最喜欢的、特别的点心给它。这就是按照级别利用点心。

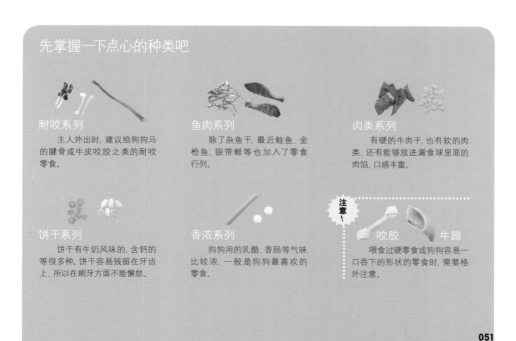

先掌握一下点心的种类吧

耐咬系列

主人外出时,建议给狗狗马的腱骨或牛皮咬胶之类的耐咬零食。

鱼肉系列

除了杂鱼干,最近鲑鱼、金枪鱼、银带鲱等也加入了零食行列。

肉类系列

有硬的牛肉干,也有软的肉类,还有能够放进漏食球里面的肉馅,口感丰富。

饼干系列

饼干有牛奶风味的,含钙的等很多种,饼干容易残留在牙齿上,所以在刷牙方面不能懈怠。

香浓系列

狗狗用的乳酪,香肠等气味比较浓,一般是狗狗最喜欢的零食。

注意!

咬胶　牛蹄

喂食过硬零食或狗狗容易一口吞下的形状的零食时,需要格外注意。

选择便于狗狗进食的食器

有的狗狗会狼吞虎咽地进食，有的狗狗会细嚼慢咽地进食，不同的狗狗进食的方式各不相同。观察爱犬进食的特征，为它选择便于进食的食器吧。

重量轻的食器容易被狗狗打翻，所以也要考虑食器的重量和材质。

也有的狗狗喜欢将食物撒出来然后再吃掉

狗狗进食的癖好多种多样，其中有的狗狗喜欢将食器中的食物撒出来然后再吃掉。尊重狗狗的个性，让狗在进食的时候也充满快乐。

塑料制品

使用方便，但容易被狗狗咬坏。

不锈钢

坚固经久耐用，也是经久不衰的产品。

用于防止进食过快

利用凹凸不平的突起，能够让狗狗放慢进食速度的食器。

陶器和瓷器等

有一定的重量，是不用担心狗狗将它打翻的食器。

养成饭后将食器放下的习惯

食器的材质、大小、形状多种多样。爱犬的进食方式过于狼吞虎咽时，会将进食的食器不断地推到前面，导致狗狗难以进食，建议选择难以移动的有重量的陶器食器。

塑料制品和柔软的铝制食器，进食结束后被放在一边，狗狗会啃咬食器作为消遣。要让狗狗养成饭后将食器放下的习惯。此外，进食结束后很多狗狗都会不断地舔舐食器，食器上会沾上很多唾液。一定要记住每日清洗食器，保持食器的清洁。

关于饮水的基础知识

夏季要每日3～5次勤快地换水。特别是在室外饲养的狗狗,一定要千万注意不能断水。

运动前和散步中不要让狗狗大量饮水

特别在夏季,为了防止中暑,补充水分非常重要。但是,运动前和散步中如果让狗狗大量饮水,可能会导致狗狗胃部扭结从而发生呕吐。补充水分非常重要,每次饮水时要让狗狗少量慢慢地饮用。

供水水瓶具有在发生地震时,水不容易被洒出的优点,因为每次只能少量的饮用,有的狗狗会焦急而感到不安,所以在地板上也要同时放置陶制的水器。

问答环节

Q 水管里的水味道不好,可以让狗狗饮用矿泉水吗

A 倘若水管里的水并不好喝,用净水器过滤后再让狗狗饮用。不喂,喂矿泉水要十分注意。对具有易患膀胱结石和泌尿系统疾病的狗狗来说,矿物质(钙)可能会对身体带来不好的影响。如果让狗狗饮用矿泉水,要带狗狗去宠物医院进行尿检以了解爱犬的体质。

Q 厌倦了平时吃的食物怎么办

A 狗狗如果厌倦了平时吃的食物,可以用微波炉稍微加热飘散出食物的味道,将食物放入漏食球等益智玩具中,或者带狗狗去附近的公园让狗狗在不一样的环境里进食。

如果不想让狗狗进食,可以立刻将狗狗喜欢的食物作为配料,让狗狗意识到"如果不吃的话,就能得到美味",狗狗可能就会不再吃了。

要是狗狗不吃的话,将食物重新摆放让狗狗看到食物的样子。

关于厕所

从领养幼犬当天起，就训练它如何在室内上厕所吧。只要你把厕所的环境整理好，按顺序教导，狗狗很快就能记住并养成习惯，长大后也能好好遵守。

室内厕所的环境和排泄时间点非常重要

幼犬的如厕训练是领养当天就应该开始进行的训练。初来乍到，它并不清楚在哪个地方适合排泄，如果你让它在室内自由活动的话，结果可能就是到处排泄。因此，主人要耐心地教导幼犬，必须在规定的地点排泄。

首先，是创造一个便于狗狗记忆厕所的环境，然后，结合它的排泄时间点进行诱导，成功后反复练习。柴犬对于自己生活区域的洁净程度要求很高，因此，应该尽早让它记住厕所的位置。

然而，柴犬有着首次出去散步后，逐渐养成只在室外排泄的特征。如果忘记在室内上厕所的习惯，就连大雨、台风等恶劣天气也要带出去散步，主人长时间不在家时狗狗会憋尿（憋尿很有可能诱发泌尿器官疾病）。

此外，狗狗进入老年期，腿和腰的功能弱化，带狗狗出去排泄，这会给狗狗的身体带来很大的负担，所以就算狗狗长大了，也要让它有室内上厕所的习惯，这非常重要。

对幼犬的如厕训练切忌焦躁、责骂，一定要有耐心。

首先整理好厕所的环境

为了教导幼犬如何在室内如厕，最重要的是创造一个方便狗狗识别厕所的环境，尽可能避免找不到厕所的事情发生。包括在狗狗看家的时候，整理好狗狗的生活空间吧。

柴犬爱干净，只要主人耐心地告诉它厕所的位置，它就不会把自己睡觉的地方弄脏。

➡ 长时间看家的情况

创造一个围栏中配有厕所的生活空间吧

准备一个大一点的围栏，打造一个即便狗狗长时间看家也能舒适地渡过的生活空间吧。厕所，房子（床）、漏食球、水、玩耍场地一定要区分开。让幼犬理解各个地点的作用需要花费很长时间，请主人一定不要焦躁，要耐心地告诉它"那是正确的地点"。

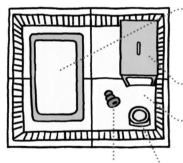

厕所 / 便盆要放在狗狗房子或者床的对面，并且选用有边缘的，这样狗狗更容易理解那是排泄的地点。为了使幼犬长大后也能使用，请准备宽型号（大约60厘米×45厘米）的尿片。

房子 / 房子应该安放在离厕所较远的位置，因为柴犬有维持睡眠场所清洁的习性。

地板 / 进行如厕训练时，需要在围栏内的地板上铺好尿片，这样就能从"零失败"的状态开始进行如厕训练了。等幼犬排泄的地点固定下来后，再慢慢减少铺尿片的范围。

玩具等 / 围栏里放置的玩具应该让狗狗看家时不会觉得无聊，如漏食球之类的益智性玩具等。

食物和水 / 饮食和饮水的地点对狗狗来说是希望维持清洁的地方，请远离厕所。

➡ 短时间看家的情况

在围栏中配置厕所和房子

请在围栏中放上房子或床、厕所和水。因为围栏内空间有限，所以玩耍的场所就设在围栏外。这种设置适合那些家中常有人在，而且会频繁地将狗狗从围栏中放出来的家庭。

领会狗狗的排泄信号

估计好幼犬排泄的时间点,往厕所引导,告诉它厕所的位置。请先掌握幼犬排泄的时间点、间隔以及排泄前的举止和行为。

当幼犬变得坐立不安,开始嗅地板气味时,这可能是排泄的信号,主人要仔细观察爱犬的行为哦。

➡ 排泄前的举止和行为

开始嗅地板上的气味

刚才还玩得很好,突然变得心神不安,并开始嗅周边的气味,这个时候极有可能是要排泄。只要主人读取到这个信号,如厕训练就能准确地进行。

● 嗅气味

当狗狗突然放下沉迷的东西,开始嗅周边气味的时候,那么它极有可能是在找排泄的地点。

急得团团转……

● 走来走去

寻找能够放心排泄的地点,来来回回、走来走去,这也是排泄的信号。

● 转圈

当狗狗在某地点开始转圈的时候,那是它通过足部触感来确认排泄地点的状态。它马上就会排泄。

➡ 排泄的时间点

排泄间隔大约为"月龄＋1小时"

幼犬可以忍耐排泄物的间隔是月龄＋1小时(两个月大的话就是3小时)。不过,幼犬活动量大的话,排泄会变频繁,间隔可能会缩短到15分钟左右。

早上好~~

● 睡醒时

刚睡醒时尿量很大,是排泄最合适的时机。

● 玩耍后

玩耍时狗狗处于兴奋状态,排泄间隔有缩短的倾向。

● 饭后

吃饱后膀胱被压迫,从而容易产生便意、尿意。

● 喝水后

幼犬憋不住尿,所以水分补给后就会处于要小便的状态。

基本的如厕训练

发现狗狗出现排泄征兆后，马上把它诱导到厕所。如厕成功的话就给它食物之类的东西当作奖励，告诉它"在厕所排泄是件好事"。即使幼犬记住了，主人也要把这当作一种习惯继续下去。

对于幼犬期间努力掌握的室内如厕行为，要把这培养成一种习惯，让狗狗长大后也能一直保持下去。

出现排泄征兆时带狗狗去厕所

当观察到狗狗排泄前的信号时，要迅速引导它去厕所，这时，为了教它记住厕所的入口，需要让它从围栏的门进入。

排泄不成功的话重来

狗狗进入围栏后，如果等了 10 分钟依旧没排泄的话，就要把他放出来，15 分钟后再挑战。

开始排泄后，要表扬它

开始排泄后，要对它说"厕所，厕所""尿尿，尿尿"等口令，结束后还要马上表扬它并给它奖励。

排泄结束后，把它从围栏放出来

排泄结束后，打开围栏大门，放它出来，对狗狗来说，能和主人一起玩耍，能在房间内自由活动是很好的奖励。

● 开始之前

先确定排泄的口令

首先，确定排泄口令，如使用"厕所""尿尿"等特定的口令指示狗狗去排泄。每天狗狗排泄时，都对着它说"厕所"等口令，久而久之它就会把这个口令和排泄组合记忆，一听到这个口令就会产生想排泄的感觉。如去往特定的场所或乘坐交通工具之前，可以诱导狗狗先解决排泄问题，在很多情况下就会方便很多。

有效利用连休和长假期

基本的如厕训练是判断幼犬的排泄时机，然后引导其去厕所，成功后给予奖励。但如果你长时间不在家，那么在最初领养时就要有效利用连休或长假期，集中进行如厕训练，这也是一个有效的方法。

训练成在室内室外都能排泄的狗狗

喜欢清洁的柴犬，首次散步后，外出排泄的机会也多了起来。但长大后，也要保持它在室内上厕所的习惯。

只要养成在指定厕所上排泄的习惯，即便带狗狗外出寄宿也不用担心遗尿遗便的问题了。

放置室内厕所 ①

即便狗狗在室外排泄的机会增多了，也请依然保留室内的厕所。

散步前叫它过来排泄 ②

喜欢散步的柴犬非常多，可以将散步灵活地用于对它完成排泄时的奖励。对它说"上厕所！"它成功地做到了在室内排泄，作为成功排泄的奖励，可以带它出去散步。

排泄后要表扬它 ③

如果狗狗能够自觉地在室内排泄，要表扬它"聪明懂事"。除了狗狗喜欢的食物外，要给与狗狗喜欢的表扬方式，散步、玩耍等也可以成为表扬的方式。

如果狗狗变得只能在外面排泄的话……

如果狗狗养成了只有外出散步时才能排泄的习惯，那么就要按照步骤进行室内如厕训练了。

只要狗狗记住了室内厕所的位置，那么即便主人下班晚了，或者天气不好也不会对狗狗的身体造成负担，而是能够顺利解决问题。

① **确认狗狗排泄倾向**

掌握狗狗排泄（做记号）的时间、地点和次数。在室外排泄后，记得用水或除臭剂处理，以免留下气味。在住宅区，避开门口、花坛等地点是基本的礼貌。

② **排泄时使用口令**

狗狗开始排泄后要马上对它说"厕所"或"尿尿"，而且在排泄期间要反复重复，结束后表扬它，给它零食之类的当作奖励，这样重复一个月后，狗狗便能将口令和排泄组合记忆了。

③ **在家附近发出口令，练习排泄**

在狗狗可能排泄的时间段，带它去散步，在它中意的地点发出排泄的口令，成功的话就奖励它零食，继续散步。失败了的话，就先回家，10分钟后再出来尝试。

④ **在家周围发出口令**

做好散步的准备，先带狗狗在家的周围转转，在院子里或自家区域范围内发出口令，促使狗狗排泄。成功的话，就奖励它零食，正式开始散步。失败的话，就先回家，10分钟后再出来尝试。

⑤ **让狗狗在室内厕所排泄**

在围栏内铺满尿片，如果你家是雄犬，那么还需要在围栏周围贴上尿片，作为排泄（做记号）的目标物。还需要放置一个用尿片包裹的塑料瓶。厕所环境准备完毕后，诱导狗狗进到围栏中去。

问答环节

Q 一兴奋就漏尿，
怎么办

A 幼犬在家人回来或客人来访时，过于兴奋，容易漏尿。这被称为"兴奋型尿失禁"。客人来访前，可以先将幼犬放进铺满尿片的围栏中。或者在令狗狗兴奋的事情发生前，诱导它排泄。一般来说，这种尿失禁行为会随着狗狗的成长而改善，如果你想早期解决这个问题的话，就要养成抑制狗狗过分兴奋的习惯。

Q 在围栏中的房子里
排泄，怎么办

A 首先改变环境。将围栏中的房子（床）取出来放在外面。在围栏中铺满尿片，狗狗在围栏中无论在哪里排泄都是成功的环境。让狗狗在房子里睡觉，排泄的时候引导狗狗去厕所。集中练习更容易成功，最好利用连休或长假期的时候。

Q 如厕训练失败了，
怎么办

A 狗狗是随地排泄的动物，如果你在如厕训练未成功时训斥它，它并不能理解。此时的训斥在狗狗看来，可能是"跟我玩耍"，是在奖励它。或者狗狗会认为"排泄了被训斥，肯定惹主人不开心了"，从而导致狗狗会躲起来排泄的情况。

绝对不可以训斥狗狗，会给狗狗留下"不允许排泄"的印象，所以一定要注意。

Q 尿在了门口的蹭鞋
垫，怎么办

A 狗狗是通过"位置""气味"和"触感"来记忆厕所的。狗狗会将质感类似尿片的蹭鞋垫等布制品错当成厕所，这种现象是比较常见的。解决办法就是在进行如厕训练时，一定要将触感类似尿片的物品先收起来，浴室脚垫和厨房脚垫也是一样。将幼犬从围栏里放出来玩耍时，要留意狗狗的排泄时机和信号，及时引导它去厕所。

关于社会化

为了让狗狗具备社会性,进行社会化是必要的。在最合适的阶段进行社会化训练,并将其作为一项持续性的工作来坚持吧。

早期适应人类、同类、物体和环境很关键

想和狗狗一起生活,它的"社会化"非常重要。领养后就开始带爱犬练习吧,学习适应人类、同类、物体和环境等。有了各种各样的经验,它就具有了社会性,就能冷静地对待事物。社会化不足的狗狗,一点小事就会导致害怕或兴奋等过激的反应。

狗狗能够掌握多少社会性,是受其天生性质和犬种特性影响的。多数的柴犬戒备心强,而又有脑腆的性格,所以说对于柴犬,社会化是特别重要的。通过和主人的训练,把你的爱犬培养成活泼开朗的狗狗吧。

最适合进行社会化训练的时期是出生后第3周到第14周(第61页)。这个时期被称为"社会化期",这时期的狗狗的好奇心强于警戒心,更容易接受各种事物。此外,社会化期也会影响狗狗的特性。柴犬是与狼接近的原始的犬类,像社会化期在出生后数周就结束的狼一样,柴犬的社会化期短于其他的犬类。建议在领养幼犬后尽早地开始社会化训练。如果开始得越晚,狗狗的警戒心会越强,对待事物也变得慎重起来。通过社会化,狗狗能够积累各种经验,学习到对待事物的方法。你要知道,社会化并非只有在幼犬时期需要训练,而是在狗狗的一生中都要持续进行。

从幼犬时期跟在母犬身边时起,社会化就已经开始了。与母犬以及兄弟姐妹的生活应该至少持续到第8周,这是非常重要的社会化。

社会化的最佳时期和 1 岁前的成长过程

胎儿期

母亲的性格会影响幼犬

狗狗的妊娠期为 60 天，母犬的性格和生活环境将会影响到幼犬。沉稳的母犬生出来的幼犬会具有较强的抗压能力。

社会化期（前期）

身体能力越来越强

开始对周围的事物感兴趣，身体能力变强，能够轻盈的跑来跑去。开始积极地探索周围新事物。

社会化期（完成期）

警戒心逐渐产生

开始听懂人们说的话。此时警戒心逐渐产生，你带它去接种疫苗前可以抱着它去散步，进行社会化训练。

成犬期（过渡中）

成犬的风度开始显现

调皮的幼犬开始具备成犬的风度。它会变得沉着冷静，但相反地，头疼的问题（犬吠等）也开始出现。

| 第 1 周 |
| 第 2 周 |
| 第 3 周 |
| 第 4 周 |
| 第 5 周 |
| 第 6 周 |
| 第 7 周 |
| 第 8 周 |
| 第 9 周 |
| 第 10 周 |
| 第 11 周 |
| 第 12 周 |
| 第 13 周 |
| 第 14 周 |
| 第 15 周 |
| 第 16 周 |
| 6 个月 |
| 8 个月 |
| 1 岁 |

新生儿期

能够自己找到妈妈

新生儿期，幼犬的眼睛看不到、耳朵听不到但却可以自己找到妈妈喝奶。母犬最下面的乳头最易出奶，强势的幼犬可以一直"霸占"这个位置。

过渡期

五官发育期

幼犬五官开始发育的时期。到了第 3 周，狗狗终于可以睁开眼睛，动作也变得机敏，可以与妈妈和兄弟姐妹一起玩耍了。

社会化期（后期）

在新家接受社会化

是时候前往自己的新家了。安稳环境下培养出来的狗狗会精神满满。领养后马上着手狗狗的社会化训练吧。

幼年期

性别差异开始表现显著

这个时期，不同性别的狗狗身心差异开始表现出来。过了性成熟期，狗狗开始迈入成犬期，社会化训练要继续进行。

一转眼我就长大了！

幼犬的性格多种多样，要按照适合你家狗狗的节奏进行。

具体的社会化训练

　　训练要融入日常生活，关键是观察爱犬的状态，不要强迫进行。

➡ 习惯 声音

1. 小音量播放声音
2. 稍微调大音量播放声音
3. 更大音量播放声音

　　可以利用市场上出售的录有门铃声、环境音的 CD 光盘。当狗狗玩耍或处于放松状态时，就小音量播放，观察狗狗的状态慢慢调大音量。如果狗狗表现镇定，就给它一些奖励。

➡ 习惯 被触摸

1. 把奖励放在手上给它
2. 一边喂食一边摸它的后背
3. 一边喂食一边摸它的尾巴和脚

　　为了让狗狗习惯人类的手，刚开始先将奖励放在手上给它，在狗狗进食时，先摸摸它不太敏感的后背。尾巴和脚之类的尖端部位比较敏感，狗狗可能会抵触。拿出你珍藏已久的奖励，慢慢进行吧。

➡ 习惯 陌生事物

1. 把陌生的庞大物体放在它附近
2. 把奇形怪状的物体放在它附近
3. 把能发出奇怪声响的物体放在它附近

　　将狗狗未见过的家里的大型物体（旅行箱等）、新奇形状的物体（布偶等）、能发出声响的物体（塑料袋等）按照顺序拿给狗狗看，如果它表现镇定，就给它一些奖励。把物体直接放在狗狗眼前它可能会害怕，所以放的时候要不经意地放在稍远的位置。

要点

要一边仔细观察幼犬一边进行社会化训练

　　害羞的狗狗容易害怕。这种情况下就要想办法应对，如退回上一步骤、把狗狗抱离对象物、减弱刺激等。等它镇定了，就拿出你珍藏的食物或玩具奖励它吧。

→习惯 家人以外的人

→习惯 人类各种各样的装束

❶ 邀请朋友到家中做客，让朋友试着给狗狗喂零食

❶ 主人换上各种不同的衣服给狗狗看

❷ 让朋友把手背对着狗狗的鼻子，让它闻

❷ 主人戴上帽子给狗狗看

❸ 让朋友轻轻抚摸狗狗的后背和胸前

❸ 主人戴上墨给狗狗看

　　主人邀请朋友到家中做客。最开始先试着让朋友给狗狗喂零食，等狗狗习惯后，把手背递给它闻，最后抚摸狗狗敏感度较低的后背或胸前。为了让狗狗习惯各种各样的人，请叫来你男女老少的朋友都来帮忙吧。

　　为了避免狗狗看到陌生装扮的人类感到恐惧，主人需要变换装束给狗狗看。如果它表现镇定，就给它一些奖励。外面陌生人的装扮带给狗狗比较大的刺激，因此需要先在家中练习，等它习惯后再外出。到那时（第64页），狗狗就能习惯街上打扮各异的人了。

➡习惯 各种各样的地板和地面的

在铺地毯的地面上行走

在木地板上行走

在石板上行走

在草坪上行走

　　让狗狗习惯各种各样地板和地面的触感。接种疫苗前的时期，为了防止狗狗感染疾病等，可以先利用自家区域范围内的地面进行练习。室内可以依次铺上地毯、瓦楞纸等各种质地的素材，让狗狗在这上面走路，但注意尽量避免使用易滑倒的木板等地面。

➡习惯 项圈和胸背带

1 一边给狗狗奖励一边给它带上项圈
2 让狗狗持续做它喜欢的事情
3 系上牵引绳散步

　　有些狗狗会觉得项圈或胸背带不舒服，所以领养后要尽早让它适应。一边给它零食吃，一边从狗狗看不到的背后给它带上项圈，并让它继续做喜欢的事，如吃零食或玩耍等。等它适应项圈后，系上牵引绳，让狗狗在被拉拽的状态下玩耍。这样，能够让狗狗适应突然从一个物体离开和无法前进的状态。

➡习惯 宠物医院

1 带狗狗到宠物医院的接待处
2 让医院工作人员给狗狗喂零食
3 让医院工作人员抚摸狗狗

　　为了让狗狗习惯经常就诊的宠物医院，你需要抱着幼犬去习惯。除了习惯宠物医院的环境外，还要习惯工作人员和宠物医生的抚摸。除了接种疫苗时带狗狗去，主人外出的其他时间都可以抱着狗狗顺路去一趟，增加接触机会。

➡习惯 外面的环境

1 抱着狗狗在家附近散步
2 走到稍微热闹的车站附近
3 走到非常热闹的幼儿园附近

　　在带狗狗出去散步前，让它先习惯外面的环境。在接种疫苗结束后，主人要抱着狗狗到外面散步，带它见识各种各样的环境。如果它表现镇定，就给它一些奖励。从安静的环境到热闹的环境，慢慢扩大活动范围。

与其他狗狗相处时一定要慎重！

为了避免狗狗间发生争执，循序渐进地与其他狗狗接触很重要。主人们一定要在旁边好好守护。

试着接近其他幼犬或沉稳的成犬

等狗狗可以外出散步后，就要开始进行接触其他狗狗的训练了。最开始试着接近月龄相近的幼犬或看起来沉稳的成犬会比较容易。在得到对方主人允许的情况下，让爱犬一点点接近。

为了避免出现争执，主人一定要拉好牵引绳，即便在它们玩耍时也不能离开视线，一定要注意。

问答环节

Q 奖励的种类和时机很难把握，怎么办

A 在进行社会化训练时，为了让狗狗对新记忆的事物留下好印象，需要给它奖励。请好好利用食物和玩具。给狗狗奖励的时机一般是在它安静下来的时候。如果在狗狗兴奋或恐惧等反应过激的情况下给奖励，狗狗会错误地以为"只要变成这种状态就能得到奖励"。所以请在正确的时机奖励狗狗吧。

Q 对柴犬进行社会化训练时有哪些注意事项呢

A 对狗狗进行社会化训练时，最重要的是要在它心情愉悦的情况下进行。柴犬有害羞的倾向，如果在它恐惧的情况下勉强训练的话，反而可能会让它会产生强烈的抵触情绪。尤其是过了社会化期后进行训练时，更需要花费时间，并且谨慎进行。如果狗狗的戒备心很强，请咨询教养方面的专家。

社会化训练是一个和狗狗一起享受的过程，如果狗狗很恐惧，请不要勉强进行。

关于玩耍

幼犬的工作就是玩好、吃好、睡好。下面介绍一下玩耍的重要性以及玩耍时的注意事项。

出生后 6～7 月内要避免骨折等！

出生后6～7月内，是幼犬骨骼、关节等部位的发育时期。这期间如果进行剧烈运动，关节周围正在发育的骨骼等部位容易发生骨折。此外，幼犬的体重轻、脚部没力气，在欢跳时可能会从高处滚落、滑倒。因此，在幼犬玩耍的空间要多下功夫，注意不要设置台阶、可以铺上地毯防滑垫等。给狗狗的玩具也要注意使用耐咬、不会发生误食危险的。

出生后7～8月，狗狗的身体开始变得结实起来，如果按照人的年龄来计算的话应该是中学生时期。从这个阶段开始，狗狗的运动量一下子增多起来。如果运动不足，体力充沛的狗狗，就会乱咬东西、恶作剧的增多等。为了使狗狗的体力得到充分消耗，散步时可以带狗狗到允许宠物进入的公园这类地方，解开长的牵引绳，让它尽情地玩耍。你还可以在休息日带狗狗去适合郊游的地方。

狗狗在雨天的散步时间会变少，这时只要你用心，就会有各种各样的游戏可以玩耍。例如，在铺着地毯的走廊里玩接球游戏、让狗狗按照指示在主人的两腿间钻来钻去、把零食藏在家中各个地方"探宝"等，主人要下功夫制造一些即便在室内也能脑力、体力并用的游戏来。

玩得好开心啊—

建议主人在游戏中也巧妙地融入教养训练。

"探宝"是一项快乐的脑力游戏。藏有零食的纸杯到底是哪个呢？

可以在室内玩耍的游戏

初次散步前的室内游戏是加深主人和幼犬关系的好机会。

在幼犬体力可承受的范围内游戏，来满足它的好奇心吧。

➡ 和主人玩耍

拉拽游戏、互相接触、捉迷藏

有玩具玩耍的游戏当然很棒，捉迷藏、追逐游戏等也很受欢迎。等它累的时候可以抱抱它，在它开心的时候，还可以试着增加柴犬不擅长的肌肤接触

玩拉拽游戏时要注意，不要向上拉而要左右移动玩具，这样不会给狗狗身体增加负担。

➡ 和玩具玩耍

不要给幼犬玩太硬的玩具

狗狗的牙齿在 6 ～ 7 月才能长结实，如果给它的玩具过硬，牙齿用力过猛，就会出现牙齿破损、牙齿排列不齐等问题。从 30 厘米的高度坠下时，如果发出"啪"的声响，一般情况下可以认为该玩具较硬。

这类玩具时，一定要保证狗狗在主人的视线范围内。

如果填充有棉花，或者是可以发出声音的玩具，那么狗狗可能会把玩具咬破，吃里面的东西，所以玩

摸它身体的各个部位吧。

等狗狗玩累了，就是和它进行亲密接触的好机会。轻轻地抚

创造易于玩耍的环境

室内玩耍时的基本要求是没有台阶、地面不滑，此外，尚未外出散步的幼犬在玩耍时如果过度兴奋的话容易排泄，所以如果要把厕所放在旁边，这样捕捉到排泄的信号就可以立即带它到厕所去。

玩耍时，狗狗的指甲很有可能会勾住地毯从而摔倒受伤，所以事先要给狗狗剪短指甲。

散步后玩耍的游戏

初次散步后，狗狗迎来了它体力、精力的全开时期。运动需求骤增，因此，主人也要增强体力好好陪它玩耍。

狗狗追逐玩耍时常见的"玩耍吧"姿势。

通过激发柴犬天生的资质和兴趣进行培养

初次散步后，幼犬看到的任何物体都能和玩耍联系起来。例如，在散步时追撵飘落的树叶、去咬主人捡起来的树枝，发现鼹鼠的洞穴并尝试挖掘。在培养狗狗的过程中，这些狗狗与生俱来的资质和兴趣，也要在主人陪伴下一并进行。此外，狗狗还喜欢和同类玩耍。在院子里或租用的遛狗公园里，当狗狗扬起尾巴，做出"玩耍吧！"的姿势时，主人可以见机追赶狗狗，狗狗会很开心。让我们和爱犬一起发现它喜欢的游戏吧。

系上牵引绳，让它玩最喜欢的追球游戏

在狗狗可进入的公园里，给它系上长的牵引绳，陪它玩追球、捡球游戏。陪狗狗玩它最爱的游戏也是给它的一种奖励。

室外的教养训练也是游戏的一个环节

建议主人一定要采取的训练方式就是室外训练。家里可以做到的事情这次拿到室外去实践，把狗狗培养成无论在哪都能表现良好的狗狗。

柴犬也非常喜欢挖洞

作为游戏，挖洞相当消耗狗狗的体力。让狗狗在怎么挖都不会出问题的地方充分的玩耍，也能够满足狗狗的好奇心。

和主人一起跑步很开心

很多狗狗都喜欢主人陪自己跑步。跑步也是一项快乐的游戏。找个安全的地方，尽情奔跑吧。

室外玩耍的注意事项

在公园等公共场所玩耍时，首先要确认该地点是否允许狗狗进入。不给他人添麻烦是室外玩耍的基本。

不系牵引绳是绝对不可以的

在室外玩耍时，主人须认识到"有些人不擅长和狗狗接触"。进入公园时必须先确认，该公园是否允许狗狗进入。即便是允许狗狗进入的公园，如果有小朋友在的话，也希望你能有所顾虑，带爱犬去其他公园玩耍。选择一个安全又不会给他人带来困扰的地方，让爱犬尽情的玩耍吧。

很多狗狗都喜欢在草坪上奔跑。不过，早晨或晚上带着露水的草坪容易滑倒，玩耍时建议给狗狗选择较干的草坪。

问答环节

Q 平日很忙，所以想利用休息日开车带狗狗远行，需要注意什么

A 每天即便很忙，也要在散步时间以外制造出陪狗狗玩的时间，就算 10 分钟也可以。开车带狗狗远行时，想让狗狗在目的地尽情奔跑的话要先做一些热身运动，如慢走、慢跑等，然后再开始剧烈运动。而且回家前要记得先做整理运动，按摩身体，然后再回家。

Q 请告诉我在遛狗公园应该注意些什么

A 去遛狗公园的条件是狗狗已接种过育苗，并且不在发情期。最近，遛狗公园里发生的狗狗之间的争执问题有所增加。如果你家狗狗是"对其他狗狗好恶严重"的类型的话，建议带上关系好的狗狗一起去租赁式遛狗公园玩耍，这样可以避免产生矛盾。很多柴犬如果勉强它跟其他狗狗一起玩耍会让柴犬心生厌倦，这点一定要注意。

利用空闲的时间，带上狗狗和它的朋友一起去租赁式遛狗公园玩耍也是可以的!

关于散步

散步对柴犬来说是很大的快乐,让它在室外积累各种各样的经验也非常重要。主人要做好每天陪狗狗散步的心理准备。

散步可以刺激狗狗的五官,对柴犬来说是必不可少的

散步是一种很好的运动,同时也包含着狗狗的社会化因素。在外面,遇到其他的人或狗狗,听到道路上行驶车辆的声音等,让狗狗从小就积攒各类经验,适应人类社会中各种各样的事物,使其成长为沉着冷静的狗狗。对柴犬来说,每日的散步更是必不可少。沐浴着阳光,在散步中骨骼和肌肉都会得到锻炼;到处嗅味道、观察小鸟之类的小动物,柴犬与生俱来的本能在散步的过程中会得到磨练。但有一点需要注意,一旦狗狗养成了外出排泄的习惯,那么即便是下雨天也需要出去散步。因此,要训练狗狗室内同样能排泄。

外出排泄后,要用水冲洗干净,并将便便拾起扔到垃圾箱,这样的规矩一定要遵守。

散步时要注意观察狗狗的状态,适当地休息。特别是夏天,外出散步要带上水,频繁地给它补充水分。

疫苗接种完毕前,建议将狗狗放进胸前包或便携包里,在不接触地面的情况下进行散步。

初次散步一定要在所有疫苗都接种完毕后进行!

幼犬阶段,在所有疫苗(第153页)都接种完毕前,狗狗容易感染各种疾病,所以绝对不能把它放到地上去散步。这个阶段,可以给狗狗带上项圈或胸背带,系上牵引绳,先在室内练习走路。也可以让它进入胸前包或便携包里,抱着它去适应外面的环境。

次数·量

最理想的状态是一天 2 次，每次约 30 分钟

把散步时间设定为每天 2 次，每次至少 30 分钟吧。如果抽不出时间，可以在跟它玩接球游戏等，以此增加它的运动量，主人的义务是即使再忙，也要保证每天至少带狗狗出去散步 1 次。没时间去的话，可以麻烦熟悉狗狗的人带狗狗去散步。

想大致判断狗狗的运动量是否充足，可以通过散步后它是否熟睡来判断。

携带物品

以防万一，钱包和手机也带上

拾便袋、纸巾、冲洗尿液的水和饮用水是必需品。此外，散步遇到项圈脱落时，无法捉住狗狗的情况也有发生。以防万一，请带上联络用的手机、钱包、能够唤回狗狗的玩具或零食，以及备用的牵引绳和项圈等。

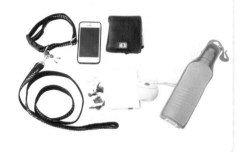

路线

散步路线多变比较好

散步的路线不要每天都选择一样的，偶尔可以试着变换路线。有时可以选择沙砾、土、木屑、草坪等各种各样触感的路线；有时可以去稍远的地方，选择沿河的路线，一起眺望水鸟。富于变化的散步路线可以充分满足狗狗的好奇心。

沙地可以锻炼狗狗的腰腿。但是去海边时要注意，沙子中可能会有贝壳等的碎片。

在人行道上散步时要把牵引绳缩短些，以免影响到其他行人。

时间段

夏天要在早上和晚上外出

如果每天在特定的时间散步的话，一旦到了散步的时间，它可能会叫着要求去散步。因此，建议主人将散步时间定在某个范围较大的时间段内。此外，夏天较热的时期，为了避免狗狗中暑，可以选择在早上或晚上外出。

晚上散步时，要注意捡食问题。从背后驶来的自行车等，建议给它带上发光的项圈。

关于项圈·胸背带·牵引绳的注意事项

很多柴犬在散步时会逃脱,在项圈、胸背带、牵引绳的选择上,与设计性相比,应更注重它的安全性和功能性。

当狗狗不愿沿着主人引导的方向前进时,主人如果
引绳,狗狗有可能会挣脱项圈或胸背带逃掉,这点一定

牵引绳

牵引绳的长短、粗细、材质等多种多样。按照不同的用途,选择一款适合自己的牵引绳吧。

➡ 普通牵引绳的挑选方法和使用方法

手持方法

将牵引绳套在自己惯用手的拇指上,握法如图所示。必须保证牵引绳从小拇指处向外延伸,不要来回摇晃手臂,确保握着牵引绳的手被固定。这样狗狗能够自己预见可移动的范围,从而减少拉拽。

长短等

长度为 40 ~ 120 厘米,宽度为 1.5 ~ 3 厘米,建议选择较柔软的,适合手部触感的尼龙制品。

注意!

牵引绳的挂钩部位要经常检查。

➡ 长牵引绳和伸缩牵引绳的使用方法

长牵引绳

长牵引绳适合狗狗在宽阔的场地玩接球游戏时佩戴。在进行"捡回来"的训练时,十分有用。

伸缩牵引绳

操作不习惯的话,牵引绳可能会弄伤主人的手部,或者缠住主人或狗狗的脚。所以,刚开始使用时可以先让一个人扮演狗狗的角色,先在人与人的练习中使用。

注意!

替换牵引绳时,狗狗会逃脱!

在公园之类的地方给狗狗换牵引绳时,狗狗可能会逃脱。因此,替换时要养成先将两个牵引绳同时系上,然后再取掉不需要的那个牵引绳的好习惯。

项圈·胸背带

幼犬的项圈、胸背带要选择质量轻且结实的，最好是可以项圈、胸背带两用的。

➡ 项圈的种类

自动伸缩项圈·布

这种项圈佩戴舒适，拉拽时会自动调节至最佳尺寸，因此不易脱落，特点是可调节部位的材质是布，质量较锁链轻。

自动伸缩项圈·锁链

构成和布制项圈相同，但可调节部位为锁链，适合活泼型的狗狗，但不适合不喜欢锁链声音的狗狗。

卡扣型

连接部分为塑料，也被称为快卸型项圈，方便穿脱，但易坏，建议一年一换。

皮带扣型

连接部位能够结实地固定在项圈的打孔处，只要穿戴正确，一般不会被狗狗挣脱，使用久了易磨损，建议一年一换。

以防万一，建议在室内也给狗狗佩戴项圈，但是，自动调节型项圈的锁链部位有时会夹住狗狗的下巴，所以该类型的项圈散步回来后必须脱掉。

➡ 胸背带的种类

8字型

这是胸背带的原型，穿脱时必须要将狗狗的前足套进去，因此平时必须让狗狗习惯被触摸身体和脚部。

工字型

尺寸可以微调，很好地贴合身体，和项圈配合穿着时，胸口处的环和项圈的环可以一起连接到牵引绳上，从而防止拉拽。

其他类型

这种类型的胸背带不套过狗狗的前足就可以穿上，除此之外，还有类似背心的衣服型、防拉拽型等各种各样的类型。

胸背带也被称为体环，不会给狗狗的头部带来压力，因此老年狗也适用。不过，如果狗狗挣脱不习惯的话，使用时会很费事。

穿着时的注意事项

项圈

佩戴项圈看起来很难受，因为柴犬的毛发较厚，这样的程度头不会从项圈中抜出来，那么这个位置就是它的合适尺寸。

按照图片所示，将项圈向前拉，如果正好卡在狗狗的耳后，那么这就是佩戴项圈的最好状态。

胸背带

与项圈一样，试着拉拽胸背带，仔细检查狗狗的身体是否会挣脱。

将手指放进体环和狗狗身体的缝隙，如果能塞进两根手指，那么这个位置就是狗狗不易挣脱的最合适尺寸。

每次认真地用毛巾给狗狗擦拭身体，能够起到保护被毛的作用。

散步回来的注意事项

为了保持健康，给狗狗刷毛和擦拭身体是非常重要的。无论是室内饲养还是室外饲养，都要认真地照顾狗狗呀。

狗狗在草丛中玩耍、嗅味道的时候要特别注意

回家后，一定要做的事情是给狗狗擦身体和刷毛。狗狗会在很多地方都嗅味道，也会拨开草丛钻进去。狗狗的身体上也会粘到植物的果实、跳蚤、螨虫。回家后在狗狗的腹部没有毛发覆盖的地方要认真的检查，防止被虫子咬到。

特别是在面部周围会有粘到寄生虫卵的情况，最好用纸巾轻轻地擦拭口鼻部，认真擦拭整个身体，并且牢记要勤快地给狗狗刷毛。

此外，回家后狗狗若出现眼睛充血，耳朵竖起，像在担心什么事情的情况，一定要带狗狗去宠物医院，因为可能是眼睛被草划伤，耳朵中进了什么东西，这需要尽快确认。所以，散步的时候尽量不让狗狗进入草丛。

➡ 散步后的护理要点

狗狗不喜欢擦脚的时候……

给室内饲养的狗狗擦脚是必须要做的事项。不过在实在无法做到的时候，可以在门口和走廊铺上毛巾，从让狗狗走到那里开始进行尝试吧。

刷毛一定要在自家家里！

因为狗狗脱落的毛会到处飘落所以刷毛一定要在自己家里。在自家以外的地方给狗狗刷毛是不礼貌的。

散步中遇到的麻烦

对于有着明显好恶的狗狗，要注意它与别的狗狗的关系。

要注意不要让狗狗与它的狗朋友们发生争执

猎犬系的犬与和蔼可亲的西洋犬不同，柴犬有着明显的好恶倾向。如果散步中突然有陌生的狗狗过来的话，多数情况它会吼叫以震慑对方。

在狗狗们发生争执的时候，狗狗的主人前来制止，也有可能会被处于兴奋状态的狗狗咬伤，所以主人如果感觉到会有麻烦事，不要忘记采取改变散步路线的方法。

如果遇到陌生的狗狗要过来打招呼，考虑到"自家的狗狗不擅长与别的狗狗接触"可以通过事先拒绝避免麻烦。

问答环节

Q 狗狗只在外面排泄，刮台风的日子也要出去散步，怎么办

A 如果只在散步的时候排泄的话，那即使在暴风雨的天气也只能带狗狗出去排泄了。实际上在台风的时候很多柴犬的主人带狗狗出去不止是让它排泄，也是带它出去散步。不过考虑到将来狗狗进入老年期，让狗狗能够在室内进行排泄是非常重要的。从小的时候开始就让狗狗在室内排泄，并将这个习惯保持下去。

Q 散步中项圈坏了狗狗逃跑了，怎么办

A 项圈、颈带、牵引绳是主人与爱犬之间的生命网。即使确认了安全，在散步中项圈突然坏了，牵引绳失去作用力的麻烦事也有可能发生。万一项圈坏了，狗狗进入不受制约的状态，作为应急措施可以用牵引绳做一个圆环，边用零食诱导狗狗，边将圆环从狗狗的脸部穿过立刻做成一个脖套。所以，为了防止这样的事情发生，请检查是否为狗狗佩戴了双重颈圈。

将牵引绳从龙虾扣中穿过，代替可以伸缩的颈圈使用。

让狗狗在鼓励中快乐地成长

教育狗狗时切忌生气和处罚，要尽量避免无法完成或危险的动作。将重点放在鼓励上，教会它正确的动作，这才是教养的基本。在此给大家介绍几种对日常生活非常有益的教养。

主人和狗狗每天心情愉快是最重要的

初来乍到，幼犬不了解家里的规矩，不知道哪里有什么，也不知道哪些行为会带来危险。

为了避免幼犬做出一些不安全的举动，主人应整理好环境，教育它正确的行为。如果完成的好，就奖励它零食或玩具等。应将这种做法作为驯养的基本。

驯养最好每天进行，在主人和狗狗心情愉悦的情况下进行训练是非常重要的。

当狗狗懂得"主人表扬自己，是因为自己表现得好"后，并且室内练习越来越熟练以后，可以带它去院子或喜欢的公园练习。此外，如果它安静的时候，完成得很好，那么可以试着在它玩耍的兴头上或散步有点兴奋的状态下进行练习。类似这样，让狗狗循序渐进地提高教养吧。

对狗狗来说，奖励也是多种多样的

哪些可以作为狗狗的奖励，甄选很重要！

零食要切成小块使用。如果狗狗喜欢食物，用狗粮代替零食也是可以的。

零食

让狗狗和它最喜欢的玩具，球球玩耍作为奖励，带它去散步也是一种奖励。

玩耍

在一些固定的词语如"真棒""真乖""真好"等的后面给狗狗奖励，也是有效果的。等到狗狗只要听到表扬的话就会感到高兴时，就可以减少训练时零食的使用量了。

事先了解柴犬的驯养方式非常重要

事先了解柴犬不喜欢的事情是驯养柴犬的要点

在理解柴犬特性的基础上,不要勉强,要循序渐进地进行

柴犬原本被用于猎犬,是被饲养在室外的犬。它的天性被现代柴犬所继承,与贵宾犬和西洋系的猎犬不同,较与主人黏在一起而言,它更喜欢与对方保持一定距离的生活,也被称为心性强大的犬种。因此,在其他的犬种看来"抚摸身体意味着褒奖",柴犬并不认为这是奖励,反而认为这是令它反感的事情。此外,给它擦拭身体进行护理的时候,经常会出现吼叫、咬人的情况。如果主人不能触摸它的身体,就更不用谈为它护理了,当狗狗身体状态不好需要带它去宠物医院的时候连抱它去医院都是个问题,无论是给人,还是给狗狗都增添了不少麻烦。

此外,在任何时候都把食物和玩具放在自己睡觉的地方附近,主人接近的时候就会做出吼叫、啃咬的"保护"行为,这点与其他的犬种相比更为多见,这是柴犬的特征。

在驯养方面,我们要从柴犬不反感的触摸方式入手,采取能够让狗狗冷静下来的方式,如"坐下""趴下""等待"等基本的驯养方法,在狗狗表现出"保护"行为时,采取有用的诸如"拿出来""让开"等驯养方法,为了能够对柴犬进行驯养,下面为您介绍非常有用的驯养方法,每日要坚持练习呦!

眼神沟通

"被叫到名字的时候,要注视主人的眼睛",眼神沟通是驯养的基本。从来到家里的那天开始,呼唤爱犬名字的时候进行练习,加深彼此之间的信赖。

呼唤狗狗的名字,狗狗注视主人眼睛的时候,要给予狗狗奖励。狗狗在对情况很难做出判断的时候,由于要依靠主人的指示,所以就自然而然地注视主人的眼睛了。

➡ 抚摸的要点

抚摸的时候，狗狗的身体是否僵硬

　　观察狗狗的状态，抚摸狗狗的身体，如果发现身体僵硬请不要强行抚摸。相反，狗狗放松下来，可以毫不费力地抚摸狗狗，这是心情愉快的证据。对于狗狗不喜欢被抚摸的部位，要充分利用奖励的方式，让狗狗慢慢地适应。

提示

在漏食球里装满零食，最好是狗狗沉浸在吃的过程中时，来抚摸它。

提示

很多柴犬都对手指的活动较为敏感，为了能够让狗狗适应请使用手背进行抚摸。

如果狗狗不喜欢被抚摸，要慢慢地让狗狗适应

1 用脚夹住长一点的狗咬胶或者装满零食的漏食球，在狗狗沉浸在吃零食的时候，来抚摸它不喜欢被抚摸的位置。

2 如果狗狗在吃东西的过程中抚摸它也没有任何问题的话，这次将作为奖励的零食举在狗狗面前，尝试抚摸狗狗不喜欢被抚摸的位置。

通过抚摸，试着找到狗狗喜欢被抚摸的部位和不喜欢被抚摸的部位

1 开始的时候，用手拿着稍微略长的狗咬胶，让狗狗过来吃，一边用手背温柔地尝试抚摸狗狗的颚下部分。

2 如果抚摸狗狗的鄂下，并未引起狗狗反感的话，这次顺着狗狗的毛发温柔地、轻轻地抚摸狗狗的脊背。

3 狗狗在放松的状态时，试着轻轻抚摸它的脖子根部。这也是系项圈和牵引绳的时候经常要接触的位置。

4 给狗狗护理脚部的时候，从脚跟开始试着一点点地向脚前的方向抚摸，如果狗狗反感的话，不要勉强进行，要让狗狗慢慢地适应。

坐下

"坐下"在这些情况下有用！

等信号灯时，在宠物医院候诊室时，或者遇到其他人或狗狗避免发生冲突时，各种各样的场合都适用。

坐，是狗狗自然习得的动作之一。动作简单，主人训练起来也容易，同时也是应用面较广的指示。训练时要注意，并非"狗狗按照指示坐下了，给完奖励就结束了"，而是主人在发出"可以动了"的指示前，狗狗要一直保持坐的动作，这才是练习的目的。

1

把切成小块的零食握在手里，手腕向下，将手放到狗狗鼻尖处，吸引狗狗的注意力。

2

移动握有零食的手，使狗狗的鼻尖向上抬起，这样它的臀部就会自然而然地接触到地面。

3

狗狗坐下后，反复表扬它，并给它零食吃。如此，让狗狗在手的诱导下练习坐。

4

当发出"坐下"口令后，打手势，让狗狗明白口令和手势表达的意思是一致的。

零食的握法　提示

奖励不可以被狗狗看见，要握在手里。用手指捏零食的话，狗狗是看到食物才坐下的，这样一来，没有奖励它就不会坐下了。

注意！

手的位置不能放得太低

给奖励时，如果手的位置放得太低，狗狗就会站起来吃，所以一定要注意。

注意！

诱导时，手不能抬得太高

手的位置太高，狗狗就会站起来。因此手的位置要保持在狗狗臀部正好接触到地面的位置。

趴下

"趴下"在这些情况下有用!

让狗狗长时间等待时可以活用这个动作，在它奔跑后、玩耍后，想让它好好休息的时候，这也是一项非常有效的指示。

把切成小块的零食握在手里，将手放到处于站立状态的狗狗的鼻尖处，吸引它的注意力。

一边吸引狗狗的注意力，一边将握有零食的手慢慢向下移动。

再向下移动手，使狗狗的鼻尖再向下低，直到狗狗的头部自然下垂，腰部和前足也接触地面为止。

当狗狗的腰部和前足的肘关节接触地面后，就给它奖励。当狗成功做到这点后，可以口令和手势相结合让狗狗练习趴下。

教狗狗趴下动作时，通常是在"坐下"动作的基础上进行诱导。然而，这种情况下狗狗会认为"坐下之后就是趴下"，没等主人发出指示，狗狗就擅自趴下了，从而无法保持坐的状态。因此，还是从最初的站立状态开始训练吧。

注意!

不要从"坐"的状态开始诱导

如果狗狗将趴的动作和坐的动作视为连动动作的话，即便你只想让它坐下，它也会不由自主地趴下。

注意!

手贴地板的话，狗狗会翘起臀部

如果手贴近地板，则狗狗只有前足能接触到地板因此需要注意。

提示

对于那些不易趴下的狗狗

用脚或手做出隧道的形状，诱导狗狗钻过去，然后逐渐降低隧道的高度。

对于那些中途站起来的狗狗

当看到狗狗试图站起来时，可以将零食放在它的前腿之间，这样就能延长趴着的时间了。

等等 →

外出散步时，为了避免狗狗在你停下来系鞋带的时候，或者处理狗狗排泄物的时候擅自乱动或突然跑开，"等等"这个指示很实用。这个动作需要在狗狗能够按照口令和手势完成"坐下"和"趴下"动作后进行练习。

在阻止狗狗捡食等突发情况下使用吧！

从坐的状态开始

做指示的手里不拿零食，另一只手握几粒零食，开始练习吧。

1. 发出"坐下"口令，做手势，让狗狗先坐下。

2. 当狗狗按照指示坐下后，做事先决定好的等待手势。

3. 做完手势后，立即将零食放到打手势的手中，并喂给狗狗。

4. 当狗狗看向主人时，主人要做等待手势，并给它零食作为奖励。如果狗狗再抬头看，就可以发出「OK」指示，解除等待指示。

从趴的状态开始诱导

零食的拿法和从坐的状态开始诱导时一样，主人应保持下蹲等较低的姿势。

1. 主人蹲下，当狗狗按照趴下的口令和手势趴下后立即做出等待的手势。

2. 顺序和左3相同，将零食放在狗狗两前足之间，当它抬头看时，就可以用"OK"指示解除等待。

3. 1~2完成后，再做出趴下的手势，待它趴下了做出等待的手势。

4. 和2一样给它零食，如果狗狗想站起来，就迅速给它零食，如此反复练习几次。

过来

步骤 1

抓住项圈的时机过早，狗狗会产生警戒心，以致于怎么叫它，都不会过来了，这点需注意。

① 浅坐在椅子上打开双脚，将握有零食的手伸向稍远处狗狗所在的地方，诱导它。

② 一直把狗狗诱导回来，在两脚之间喂给狗狗零食。注意刚开始不要触摸它的身体。

③ 待狗狗适应了该状态，就可以轻轻地抚摸它的身体。如果表现乖巧，就将手中握着的零食给它。

步骤 2

召唤狗狗回来时，应让它回到方便它穿戴项圈或牵引绳的两腿之间的位置，请以此为目标进行练习。

① 事先将零食放在口袋里，等待狗狗按照手势渐渐靠近。

② 狗狗靠近后就抚摸它，然后手插进项圈，轻轻抚摸。

③ 触摸完项圈后，就从口袋里拿出零食给奖励它吧。

"过来"指令可以在遛狗公园等场所用来召回狗狗，也可以在因项圈脱落狗狗跑开时确保能唤回它，以确保它的生命安全。不仅只是跑回来，还要"触摸到它的身体"，这才是"过来"指示的全部内容，这一点要让狗狗领悟到。

采用各种方式进行练习吧

教育狗狗，如果按照"过来"的口令和手势回到主人身边的话，就会有奖励。

选择一个安全的场所，给狗狗系上长的牵引绳，在它奔跑的过程中练习该动作。

带上狗狗喜欢的玩具，如果它完成了"过来"动作，就跟它一起玩耍。

带上餐具，如果狗狗按照"过来"指示回来后，就喂它食物。

对于易于逃脱的柴犬而言，这是必备指令！一定要掌握

放下

柴犬一旦叼了东西就不会放下，主人想要取走的时候，它会表现出不愿意。在狗狗误饮或者发生捡拾行为的时候，要对在紧急时刻能从狗狗的口中将东西取出进行事先的预防练习。最初从让狗狗放下叼着的玩具和球开始练习。

让狗狗将咬着的东西放下，这个训练一定很有用。

预防篇

在狗狗快乐玩耍的时候，充分利用狗狗的习性教会狗狗"放下"。

主人利用容易抓住的、有一定长度的玩具与狗狗玩拖拽游戏。

狗狗沉迷在玩耍当中时，主人停止移动玩具。因为停了下来，狗狗失去兴趣，自然而然地从口中放下玩具。

狗狗一旦放下玩具，主人要将手中的零食迅速地喂给狗狗，并对它说"放下"。

不要扔到远处

注意！

将玩具拿过来之前为了不让狗狗在路上独自玩耍，可以将玩具扔在较近的距离。

对策篇

与狗狗所叼着的东西相比，用更受狗狗喜欢的东西进行交换，让狗狗有"放下"的做法。

主人用手拿着稍微大一点的狗咬胶等东西喂给它吃。

过一会，主人把比狗咬胶更受狗狗喜欢的零食握在手中，用来交换狗咬胶。

狗狗放下狗咬胶，主人喂给狗狗零食并好好地表扬它。为了顺利的进行交换要不断地练习。

提示

给狗狗其他的玩具

危急时刻，准备其他的玩具扔给它，狗狗在追这个玩具的时候，会把叼着的玩具从口中放下，这样的方法也可以。

预防篇

狗狗已经处于"捍卫"的状态时，突然靠近的话可能会被狗狗攻击，因此一定要注意！

将握着零食的手放在狗狗的面前，对它说"退下"，引导狗狗从床上下去。

狗狗从床下下来时，将诱导狗狗用的零食喂给狗狗，以此来表扬它。

将握着零食的手放在狗狗的面前，这次用来诱导狗狗上床。

对狗狗说"坐好"，狗狗在床上坐好的时候，将零食喂给狗狗作为奖励。

对策篇

开始的时候使用零食让狗狗先学会"退下"和"坐好"是非常好的做法。

在与狗狗稍远的位置，拿着零食呼唤狗狗从床上离开。

狗狗从床上下来，来到主人附近的时候，将手中的零食喂给狗狗作为奖励。

对于怎么呼唤都不过来的狗狗，可以将零食放在距离床有一定距离的地板上来诱导狗狗。

提示

不要强迫"捍卫"状态下的狗狗，"退下"要从狗狗早期开始进行教育，要把这点牢记在心，并采取应对措施。

退下

想让狗狗从自己喜欢的沙发上离开时，很多情况下，狗狗会发出吼叫来"捍卫位置"。如果教会狗狗"退下"，这将会是一种便捷的管教方式。不过，最为重要的，是制造狗狗不能"捍卫"的情形。不能强行让狗狗放弃，狗狗可能会多管闲事，一定要注意这点哦。

对喜欢"捍卫位置"的狗狗一定要多进行此项练习

进箱子里去

一定要让狗狗掌握的本领之一是房子训练。便携箱在带狗狗旅行、住院、以及受灾后同行避难时非常有用。平时将其作为房子使用，狗狗会认为那是"一个放心的地方"，这样在移动时就能避免给它带来不必要的压力，十分便利。

1 将箱子分解成两半，准备好下半部分。用拿着零食的手诱导狗狗进入箱子。

2 狗狗一进入箱子，就将零食喂给它，这样的训练反复进行一周左右。

3 将狗狗已经习惯了的箱子的盖子装上，在箱子深处放入零食，诱导狗狗进入。

4 等待狗狗自行钻进箱子里面，装在里面的零食会被狗狗发现。

对于戒备心很强的狗狗，建议去掉箱子的上半部分。花费时间进行练习吧。

5 等它进到箱子里调转身子后，就奖励它零食。这样的训练持续1～2周。

6 当狗狗习惯进入箱子后，这次将箱子的门打开，在门开着的状态下，反复练习进入箱子。

7 当狗狗习惯了 6 之后，在箱子关上的状态下喂给狗狗零食，慢慢地延长箱门关闭的时间。

提示

给狗狗留下好印象

狗狗适应了箱子就可以在箱子里吃饭啦，让狗狗对箱子有个好印象也非常重要。

进笼子里去

笼子的门关着的状态下，在狗狗眼前的笼子里放进几个小零食。

当狗狗对笼子里面的零食产生兴趣后，打开笼子的门让狗狗进入。

保持笼门开着的状态，任由狗狗吃笼子里面的零食。

这个时候不要关上笼子的门，让狗狗能够来回自由出入笼子。

狗狗适应后，在吃笼子里面的零食的时候，主人将笼子的门关上。刚开始的时候，时间可以短些，并慢慢地延长。

为了让狗狗对笼子有个美好的印象，让狗狗习惯每日在笼子里吃饭。

设置一个让狗狗放心的场所吧

如果只有在去宠物医院时才让狗狗进到箱子里，那么如此反复下去的话，狗狗就会变得讨厌便携箱或笼子，发生紧急情况时也无法让狗狗进去。相反，如果有一个让狗狗放心的场所，那么在客人来访之类的场合下，它就可以安静地待在房子里。因此，领养狗狗后，平时一定要进行房子训练。

笼子在房子训练和厕所训练时都能用到。使用围栏会让狗狗觉得被困在狭小的空间里面，看不到外面，从而会觉得害怕，所以尝试用笼子进行练习吧。除了底部外，笼子其余的部分都被金属网所覆盖，并不适合对金属声音敏感的狗狗。按照爱犬的喜好予以使用吧。

将笼子作为房子使用时，建议在狗狗睡觉时在笼子上蒙上一层布。

要是习惯了，笼子将是一个相当舒服的地方！

5

生活中常见的困扰

咬、叫、看家时搞破坏、本章介绍一下柴犬常
见的"悍卫"行为等的应对办法。

咬东西

狗狗用嘴完成各种各样的动作，咬东西对它来说是自然而然的行为。但是"跟人交流时不能用牙齿"，这一点需要教育它。

教育狗狗咬东西要克制，让它戒掉轻咬

人类用手完成的动作，狗狗一般用嘴来完成。"咬东西"这一动作的目的有很多，如触摸、玩耍、研究、抵抗等。尤其在狗狗出生后半年左右，它会和母犬或兄弟姐妹咬来咬去，嬉戏打闹。这种行为被称为"咬着玩"，虽然不具有攻击目的，但乳齿比恒齿细且锋利，即便是幼犬上下颌的力量，也足以扎进人的皮肤。如果它咬得太用力就训斥它，或者发出尖叫声，让狗狗知道咬东西时力度要适可而止。狗狗出生半年左右，乳齿发育成具有攻击性的恒齿，上下颌的力量也变强，这时，就要让它学会不要去咬别人。

不过，很早就和母亲或兄弟姐妹分离的狗狗，因为没有掌握咬东西的力度，很可能会用力咬东西。这就需要主人早些教育它，制止它乱咬东西，以及告诫它跟人交流时不能用牙齿。

随着其自身的成长，这种问题会有所收敛，如果主人在狗狗牙齿的力度变强之前给予教导，也会减少因被咬而给自己带来的疼痛，弄伤他人的担忧也会减少。人类很难做到像母犬那样训斥狗狗，所以要采取能够让狗狗容易理解的方法。防止狗咬，要在它半岁之前，在很早的阶段进行教育是非常重要的。

"咬着玩"在发展为"真咬"之前，要告诉狗狗"不可以咬"，这才是正确的应对方法。

『咬着玩』的预防和对策

为了告诉狗狗要控制啃咬，要在日常生活中多下功夫，采取不让狗狗咬着玩的对策是非常重要的，用适当的方式进行预防吧。

教育狗狗要控制啃咬并快乐的玩耍

将咬不坏的，安全的玩具给狗狗，来满足它咬东西的欲望。用狗狗玩耍时不会玩腻的玩具予以交换。

● **被咬时要发出声音**

被狗狗轻轻咬到的时候，为了让狗狗听到，要发出声音喊道"好疼啊"，狗狗会因吃惊而停止咬人的动作。

● **被咬到的时候，终止快乐的事情**

被咬到的时候，不理会狗狗而当场离开，狗狗会意识如果咬人的话，快乐（与人的接触）就会终结。在狗狗每次咬着玩的时候要重复进行练习。

● **在狗狗的眼前，手千万不要移动**

因为狗狗反射性的会追逐运动着的东西，因此，手千万不要不停的摆动。不要让狗狗认为手是玩具的替代品。

● **在容易被狗狗咬到的时候的一种应对方法**

有的狗狗还没有习惯护理，会因为抗拒而发生咬人的情况。可以通过玩耍和运动，使狗狗的体力得到消耗后，或者让狗狗咬着狗咬胶的时候再为它做护理。

注意！

千万不要抓着狗狗的鼻子尖来训斥它

如果抓着狗狗的鼻子尖训斥它，狗狗会错误地认为这是一种新型游戏，进而将牙齿贴在手上，反而会对人类的手产生不好的印象，可能会攻击性地啃咬，所以一定要注意。

※ 拍摄的时候手中握有对狗狗的奖励，在不让狗狗感受到压力的情况下进行拍摄，请勿模仿。

当狗狗真的咬人时

采取错误的处理方式会有触发狗狗攻击性的危险,如果感觉爱犬的样子可怕时,一定要咨询专业人士。

当狗狗感到紧张或害怕时,一定要注意

狗狗的主人关注到"狗狗并不是咬着玩,而是真的咬人了,好可怕……"或者狗狗咬人的时候,感受到它的紧张和害怕,注意到这些是非常重要的。为了不让狗狗过多地获得咬人的经验,最好在较早的阶段,咨询专业人士。

狗狗咬人的时候,会让人感到恐惧和厌恶,但对主人来说,重要的是从关注狗狗"什么时候咬,会怎么咬"开始,然后就是采取恰当措施"不让狗狗咬,不被狗狗咬"。

主人在狗狗发生真咬情形时,却误用阻止狗狗咬着玩的方式处理,或者在日常生活和训练中,严厉惩罚狗狗,都有可能会触发狗狗的攻击性。采取错误的处理方式会严重影响狗狗对主人的信赖,所以要采取恰当的处理方式。

根据近年来的研究发现,柴犬在兴奋的时候,可能瞬间会发生具有攻击性的行为。需要注意的是,柴犬无意识地发出呻吟、吼叫、啃咬等行为时,并不一定具有攻击性的意图。要在充分认识到柴犬的犬种特征后,不触发它的攻击性,与狗狗建立良好的关系。

注意到"自家狗狗如果咬人……"的情况,为了不让狗狗积累咬人的经验,主人要在"不能咬,不被咬"上多下功夫。

啃

狗狗是一种啃东西欲望很强的动物，所以记得给它准备一些耐啃的玩具来满足它的需求。同时，为了安全，家中环境一定也要整理好。

满足狗狗的啃咬需求，整理好生活环境

好奇心强的幼犬会把各种各样的东西放到嘴里啃着玩。对它来说，家具、地毯、手机、电器的电线等，这些所见之物都是勾起它兴趣的有趣玩具。狗狗啃东西，是非常自然的行为。如果啃东西的欲求得不到满足，狗狗很有可能通过轻咬人类来缓解，因此，一定要给它准备一些可以啃咬的玩具，同时将重要的东西收好，以免被狗狗咬坏。

给狗狗啃咬的玩具需要准备两种，一种是它自己可以玩的，一种是跟主人一起玩的。自己玩耍的玩具要选择耐咬的、结实且尺寸较大的类型，如漏食球等益智型玩具、或者是可以安全食用的橡胶等。注意容易出现碎片的玩具有被吞食的危险，一定要避免使用。

跟主人一起玩耍的玩具，建议选择可以进行拉拽游戏的绳索型玩具等。可以准备2~3种不同类型的玩具，以免狗狗厌烦，玩耍时可以视狗狗的状态更换玩具。注意，游戏结束后一定要将玩具放到到狗狗够不到的地方。

● **使用苦味喷雾剂**

对于那些不想被狗狗啃咬的物品，可以喷上市场上贩卖的苦味喷雾剂。

● **设置拦截物或护栏**

对于放置着不想被狗狗啃咬的物品的场所，可以设置拦截物或护栏防止狗狗进入。

● **给它玩耐咬的玩具**

按照不同用途，请准备几种玩具。为了避免狗狗厌烦，每天轮换4~5次。

吃便便

很多狗狗都会吃自己的便便。不要慌、不要乱，不要错过狗狗排泄的时机，迅速收拾好。

如果狗狗吃便便的行为一直无法改善，可以带它去宠物医院咨询

可爱的狗狗，竟然会吃便便，狗狗的主人可能会感到惊讶。这种行为被称为"食粪症"，在幼犬阶段较常见。一般来说，这种行为会随着狗狗的成长自然收敛。

食粪的理由有很多，如"便便里残留着狗粮（食物）的味道""还有未消化的食物""可以吸引主人的注意力""自己看家的时间太久，又无聊又饥饿""营养都被肚子里的寄生虫吸收了，感到饿了就吃便便"等。如果狗狗的"食粪症"一直没有改善，带狗狗去宠物医院咨询一下会比较安心。

基本的食粪对策就是在狗狗排泄后立即收拾。如果目前你正为爱犬的食粪问题而苦恼，建议你采取以下措施。在狗狗开始排泄时就将奖励放在它的鼻尖，吸引它的注意力，并用奖励将它从厕所引开，然后迅速收拾好排泄物。如果被狗狗发现你的意图，下次很有可能会着急吃掉奖励，因此，要注意。此外，如果对狗狗的食粪行为表现过于夸张，狗狗会觉得"吃便便能让主人注意到我"，因此，收拾时要表现得淡然一些。对于外出时间长的家庭，建议利用连休或长假期集中练习处理对策。

狗狗的食粪行为虽然会随着成长慢慢收敛，但最好尽早改掉这个毛病。留狗狗独自看家时间较长的家庭，最好家人一起研究对策。

捡食行为

散步时,狗狗去吃掉落下来的东西,或将地板和地面上的东西一下子吃进去,下面介绍一下应对这种情况的方法。

主人可以通过散步管理和入口食物的取出练习来应对

散步时,狗狗的捡食行为是主人的烦恼之一。但对狗狗来说,吃自己发现的食物并没什么不好。狗的祖先在和人类共同生活之后,才开始吃剩饭、垃圾等,逐渐由肉食性动物转变成杂食性动物。腐烂味对它来说就是美食的味道。

除此之外,也有的狗狗会吃到烟头等危险的东西。柴犬和其他的小型犬相比,散步的时间稍长,也有的柴犬生活在室外,对周围的气味也很敏感,极易捡地上的食物吃。

散步的场所尽量选择掉落物少的地点(因为饭店周围、孩子集中的公园等地方会掉落食物残渣,一定要注意),还要留意散步的路线和狗狗的举止,如果发现捡食的征兆,应立即拉住牵引绳阻止它。

此外,平时要练习触摸狗狗的嘴,以便在它捡食吃时能够立即从它口中取出食物。

如果狗狗捡食了烟头等危险物品,作为紧急处理办法,可以给狗狗小零食奖励用来交换口中的危险食物。这种情况下,如果主人训斥它并夺走它口中的食物,狗狗会认为自己宝贵的食物被抢走了,下次再捡到这种食物它很有可能会着急吞下,这点一定要注意。

平时要练习触摸狗狗的嘴,把拇指和食指放到狗狗牙齿的后面,如果狗狗张开嘴就把奖励放进去,让狗狗对嘴部的触摸留下好印象。

犬吠

天性戒备心强的柴犬听到对讲门铃之类的声音后反应很大，容易吼叫。主人要训练狗狗习惯门铃的声音，同时想办法改变狗狗对门铃的印象。

将对讲门铃的声音变成愉快的信号

柴犬的自我优越感强，警惕性高。特别是对讲门铃的声音，因为该声音被当作是客人或快递员（狗狗认为是可疑人员）到访的信号，因为戒备容易发生吼叫。柴犬吼叫在很多情形下意图明确，当狗狗看到主人迎接客人的情形或是快递员离开的样子就会变得冷静下来。虽然它们不会一直吼叫，但鉴于集中住宅的居住环境，一听到门铃响狗狗就吼叫，这样会给邻居们带来困扰，所以需要注意。

基本的应对办法就是门铃一响就给狗狗奖励，将门铃声音从可疑人员的信号变成奖励的信号。还可以尝试反复播放门铃的声音，直到狗狗不再有反应、放弃吼叫为止。此外，发出妨碍狗狗吼叫的动作指示也是十分有效的办法。例如，当门铃响起时，发出"捡回来"的指示，让狗狗把丢出去的玩具叼回来。当狗狗熟练掌握"等待"指示后，每当门铃响起，就让它"等待"，如果它乖乖地等着没有吼叫，就给它奖励。

解决狗吠的办法有很多，选择一种既适合您的爱犬又适合居住环境的办法吧。

门铃一响，就发出"捡回来"的指示。还可以把玩具丢出去以便吸引狗狗的注意力。

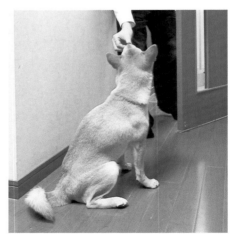

对于擅长"等待"指示的狗狗，让它根据指示安静地等待也是一种有效的对应办法。

因听到某些声音而吼叫

观察狗狗吼叫前的信号,有利于预防其乱叫

　　刮风的声音、门摇晃的声音都有可能激起狗狗的警戒心,从而发出吼叫。有时听到消防车的汽笛之类的声音还会远吠。狗狗发出几声吼叫是不可避免的,但如果吼叫得太过频繁就会干扰别人,主人应该想办法降低它吼叫的频率。

　　狗狗在吼叫前会发出各种各样的信号,如动耳朵、凝视某一特定方向等。当主人发觉狗狗的这些行为时,可以轻轻敲击桌子、呼唤它的名字,或想其他办法来吸引它的注意力。如果它最终没乱叫的话,就给它奖励。如此反复练习,狗狗的乱叫行为将会得到缓解。

当发现狗狗吼叫前的信号时,要想办法吸引它的注意力。狗狗吼叫是有原因的,因此训斥绝对不行。

对着移动的物体吼叫

在吼叫对象出现前,把狗狗转移到其他房间

　　如果狗狗对吸尘器或拖把等移动的物体吼叫,可以根据不同的原因选择不同的处理办法。

　　面对可疑的物体,因警戒而吼叫的情况下,可以先将狗狗放到其他房间或围栏中,然后再开始打扫卫生。还可以把吸尘器放在狗狗平时能看到的地方,让它习惯吸尘器的外观。

　　如果狗狗想玩耍,因兴奋而吼叫的话,可以先关掉吸尘器的开关,稍微移动吸尘器→不吼叫的话就给它奖励→吼叫的话发出"等待"指示→冷静下来后给它奖励。等狗狗适应了,就可以打开吸尘器的开关开始工作了。

当狗狗面对移动的物体吼叫时,切忌使它兴奋。

散步中的拉拽

散步中的拉拽牵引绳行为，会存在发生事故的危险，应引导狗狗不要让它擅自拖拽作为应对措施

如果狗狗发生拉拽牵引绳的时候，要告诉狗狗改正这种行为

狗狗散步的时候拉拽着牵引绳走路，会伴有发生捡拾行为和交通事故的危险，主人一定要好好管住自己的狗狗。狗狗拉拽牵引绳的理由是认为"要是拉拽的话会有好事"。狗狗个性不同，以下的介绍大致可以分为两种类型。采用适合爱犬的对策吧。

首先，狗狗对周围的事物容易产生反应，会有很多探索的方式。柴犬在这方面比较常见，拉拽的话可以去它想去的地方，能凑近感兴趣的东西等，这是狗狗学习积累的结果。为了让狗狗学会镇定地走路，散步之前让狗狗大量的玩耍，通过事先消耗体力的方法非常有效。

散步中，如果狗狗拉拽，要进行改变前进方式的练习。狗狗拉拽的时候主人要停下脚步，如果狗狗自己放弃拉拽，则将奖励拿给狗狗看，并将狗狗向与前进的方法相反的方向引导，如果狗狗听话，就给狗狗奖励并沿着这条路继续前进。

其次，是因为害怕想从不擅长事物中逃离的类型。例如，如果通过拉拽，能从不喜欢的事情中逃出来，狗狗会产生这样的想法，考虑到社会化（第60页）的不足，为了让狗狗可以镇定自如地行走，可以一边给狗狗奖励一边进行练习。

能量充沛的狗狗，在散步的时候会出现兴奋，而具有拉拽的倾向，在外出运动时，一定要充分消耗狗狗的体力。

扑人

为了防止狗狗扑人弄脏别人的衣服，或扑倒别人，主人需要教会它如何安静地打招呼。

向别人打招呼需要得到主人的"许可"，这个办法很有效

好奇心旺盛的狗狗和友好的狗狗高兴时会扑向别人，不喜欢狗狗的人对此会感到"害怕"。此外，成年的柴犬当它扑向人时很有可能使人摔倒甚至受伤，即便对方喜欢狗狗，但弄脏了衣服和包包也很让人困扰。不过，"喜欢人类"这一友好性质是狗狗的优点，最好让它得到充分的发挥。因此，

当狗狗处于安静状态时，可以指示它"坐下"或"等待"。

主人应想办法教会狗狗正确的问候方式，把它培育成有礼貌的狗狗。

这里想给大家介绍的是"主人许可制"招呼方式。例如，首先，是阻止狗狗扑人。具体来讲，就是当有人走近时，用脚轻轻踩住牵引绳，使它固定，在物理学上控制它无法扑人。其次是教会它"等待"。将这两个步骤配合练习并完全掌握后，就可以根据不同的情形分别使用了。当狗狗特别兴奋的时候，可以轻踩牵引绳；当它比较冷静的时候，可以指示它"等待"。为了让狗狗懂得"跟别人打招呼必须得到主人的许可"，主人不要每次都允许它打招呼，而是偶尔让它打招呼。通过这种方法，培养狗狗的判断能力，让它自己根据情况判断是否可以打招呼。

守护

群居生活的犬类的祖先，通过守护行为向他人主张所有权。为了不使狗狗的这种习性出现，要预防守护成为狗狗的习惯。

因为有守护所有物的习性，从早期开始就要实施预防对策

犬类具有守护重要的东西和地点的习性。犬类的祖先群居生活，通过守护行为向他人主张所有权是非常必要的。特别是对柴犬来说，基因与犬的祖先接近，这种习性被强烈地继承下来。平时具有很强的分辨能力，为了守护东西或地点，它也会有警戒和威慑的行为，采取不能让狗狗守护的预防对策是非常重要的。在这主要介绍狗狗对食物、东西（玩具等）、地点（喜欢的沙发和狗狗自己的房子）、人（主人）发生守护行为的预防方法。

首先，为了不让狗狗"护食"，要让狗狗知道主人的手不是用来夺走食物，而是用来给予美味的食物的。主人拿着狗狗的食盆，将狗狗的主食（狗粮）一点点放进去让狗狗吃，狗狗习惯了在食盆放入食物后再吃，主人中途还会添加其他的美味奖励。如果狗狗能够习惯这些，那就棒极啦。

为了不让狗狗"护物"，要教给狗狗"请给我"。例如，在用玩具与狗狗玩拉拽游戏的中途，将玩具固定在主人身体的附近。

柴犬是实施"守护行为"数量多的犬种，主人在给它打扫房子和将它的食盆放下的时候，它为了守护自己的东西也会条件反射性的啃咬。

● 守护地点

对于守护在它所喜欢地方的狗狗，要教给它"退下"和"座好"指令，运用指示让狗狗移动。

● 守护物品

玩具和食盆对狗狗来说是它的宝贝，要教给狗狗"请给我"的指示，让狗狗将物品还给主人。

● 守护食物

让狗狗对主人的手有个好印象，要让狗狗认识到人的手并不是夺走它的东西，而是给予它美味的食物。

在狗狗咬住玩具的旁边将握着奖励的手伸出来等待狗狗将玩具放下。狗狗将玩具放下的时候，把奖励喂给狗狗并重复上述动作。狗狗习惯后，在放下玩具的瞬间向狗狗发出"请给我"的指示，并将玩具举高，当狗狗平静下来作为奖励再与狗狗玩游戏。

为了不让狗狗守护在某个地方，要教给狗狗"退下"（第85页）和"坐好"的指示。"坐好"的教育方法是，用握有奖励的手将狗狗引导到沙发等地点，狗狗坐好后就给它奖励。狗狗习惯这个指示后，用手的动作诱导后，做出"坐好"的指示，用没有进行诱导指示动作的手喂给狗狗奖励。

为了不让狗狗守护人（主人），要让狗狗知道其他人接近的时候是个好事。当狗狗在离主人很近的位置时，可以让家人以外的人给狗狗喂食。

狗狗的守护行为是可以看到的，要是狗狗出现攻击的状态时，要咨询专家。

拾起落在地板上的东西的时候可能会被咬伤，一定要注意！

在主人看来，平时很常见的东西，在狗狗看来那些东西都有成为宝贝的可能性。主人打算拾起一不留神落在地板上的笔的时候被狗狗咬伤，这样的事情对柴犬来说屡见不鲜。一想到"我们家的狗宝宝可能是个护东西类型的狗狗"，当物品掉落在地板和地面上时，在充分地观察狗狗的反应后再采取行动。

注意！

在桌子和椅子下面掉落东西时可能会被咬伤，一定要注意呀！

主人外出时搞破坏

柴犬非常独立，也很容易适应独自生活。但是，防止它搞破坏也是非常重要的。

不要让狗狗感到不安和无聊，整顿好环境也同样重要。

主人外出期间，独自在家的狗狗会做各种恶作剧。例如，咬破尿片、从围栏或笼子里跑出来、翻垃圾桶、误食危险的东西等。狗狗为什么会做恶作剧呢？首先要找到原因。

狗狗一直生活在人的身边，它们渴望跟人接触。而不习惯家人外出的狗狗，为了消除孤独导致的不安感，它需要通过搞破坏来缓解。

作为猎犬和护院犬的柴犬是可以独立活动的，让狗狗练习看家可以抑制它的不安。但是，有些狗狗搞破坏是为了打发无聊的时间。为了能让狗狗好好看家，主人要尽量不让狗狗感到一丝不安或无聊，室内环境也要整理好，不给狗狗留下搞破坏的机会。

尤其是不习惯看家的幼犬，只是看到主人开始准备外出就会感觉不安。为此，不要让狗狗觉得准备工作是留它独自看家的信号，你可以在准备好后，跟狗狗玩耍一会儿再走，如此重复几次。

外出期间，狗狗独自玩耍要使用安全的益智型玩具，不要使用已破损的玩具。

搞破坏也有很多种呢!

垃圾箱也是狗狗恶作剧的好对象。为了避免狗狗误饮或误食，要使用带盖的垃圾箱等，做好保护工作。

赏叶植物中包含能够引起狗狗中毒的成分。注意化学肥料也非常必要。

格子结构的围栏，狗狗是能够爬上去的，因此，记得给围栏加个盖子。

外出或回家时举止要表现得若无其事。如果狗狗听到人的声音会冷静，建议你在外出前打开电视机或收音机，还可以把狗狗喜欢的漏食球之类的益智类玩具放到笼子或围栏中给它玩。

此外，外出前最好先带狗狗去散步，一起玩它最喜欢的接球游戏，陪它玩尽兴，以此充分消耗掉它的体力。这样一来，狗狗虽然疲惫但心情愉悦且十分满足，看家时就没精力搞破坏了，应该会好好地睡上一觉。

为了让狗狗在主人外出期间过得舒适，而且要打造一个没有机会搞破坏的环境，主人应重新整理狗狗的生活空间。如果狗狗住在围栏里，请参考"关于居住空间"（第42页）的介绍。如果围栏没有顶盖，狗狗很有可能从顶部逃走（格子结构的围栏，狗狗是能够爬上去的!），这点要注意。如果狗狗住在房间里不受约束，那么一定要将重要的东西和危险物品放到狗狗碰不到的地方。外出期间，为了双方都放心，一定要整理好环境。

"关于居住空间"（第42页）

忙碌时不得已留狗狗长时间在家，应如何应对

在双职工家庭，工作忙碌时可能会让狗狗独自看家10小时以上，或者不能带狗狗做充足的运动，这种情况下，主人可以拜托能够来到家里帮忙遛狗的亲戚、朋友或是值得信赖的托管人员帮忙照看。

想让狗狗身心疲惫，散步和玩耍十分有效。留狗狗看家前，要让它的体力得到充分消耗!

骑跨行为

狗狗摆动腰的骑跨行为是它自然而然的行为。不过，对不喜欢的人来说这可能是会带来烦恼的行为，还是要在控制狗狗的这种行为上面提前下功夫。

骑跨行为是不论狗狗的性别和年龄都能见到的行为

紧紧地咬住人的脚或者垫子同时摆动着腰，这样的动作被称作骑跨行为。像动物交配的姿势一样，并不只局限于性方面的意思。

骑跨行为的主要原因是，游戏中一贯的嬉戏玩笑，是由于雄性动物的本能所引起的性行为等原因导致的。以玩耍为目的的骑跨行为，是无论狗狗的性别还是年龄，都能够见到的行为。并不是狗狗天生具有的行为，对于不喜欢的人来说是会给别人带来烦恼的行为，还是要制止的。如果骑跨行为的对象是其他狗狗时，如果对方不接受的话也会演变为打架。此外，如果对方是未进行避孕手术的雌犬的话，也有可能会导致雌犬怀孕。

为了制止狗狗的这种行为，要采取让兴奋的狗狗冷静下来的对策。散步的时候狗狗一旦开始骑跨行为，缩短牵引绳并紧紧拽住等待狗狗平静下来。在室内时，狗狗要是开始骑跨行为，主人要平淡地迅速离开狗狗去其他的房间。也不出声也不看它，做到对狗狗完全的无视是关键。重复进行的话，狗狗就会自己变得冷静下来。如果想要制止狗狗的这种行为，对狗狗重复进行上述行为是非常重要的。

如果对狗狗骑跨行为很慌张的话，会助长狗狗的兴奋度，若要制止，请平淡地去其他房间。

讨厌拥抱

起着猎犬和看门犬作用的柴犬，具有与他人保持距离的倾向。下文将对发生危急时刻时必要的拥抱进行认真地介绍。

从习惯与人的接触开始，进行拥抱练习

柴犬是以前起着猎犬和看门犬作用的犬种。作为家庭的一员在身边存在。在室内生活也是近几年才开始的。至今仍不能要求它与人类一起密切的生活，现在的柴犬仍然保留着与他人保持距离的倾向。因此，狗狗不喜欢过多的接触，有很多柴犬不喜欢被拥抱。尊重犬种的个性是非常重要的，但是狗狗受伤的时候，年老的时候，又会有很多不得不抱它的时候，所以，从幼犬的时候就要开始进行拥抱练习。

狗狗在被别人盖起来的时候会感到害怕。进行拥抱练习的时候，不要从狗狗的正面抱起，在与它平行的状态下把它抱起会比较顺利。狗狗若是幼犬，可以将事先准备好的奖励用手握住，把狗狗抱起来后再将奖励给它。要告诉狗狗被抱起来的时候是一件好事情。对不习惯拥抱的成年犬和老年犬，要谨慎地开始接触练习。与狗狗平行用手抚摸它的胸和腹部然后给狗狗奖励。狗

狗适应后，在头和腹部的下方用手慢慢地将它抱起。对接触极端厌恶的狗狗，要咨询专门的宠物教养专家。

预先将奖励握在手中，把狗狗抱起来，在狗狗抵抗之前将奖励给它，这是成功的关键。

舔舔2

发现这样的行为时

爱犬的不可思议行为和癖好，也许可能是疾病的暗示。
需要事先了解柴犬常见的行为理由。

怪癖的行为中可能隐藏着疾病

动物会有些像怪癖一样持续的不可思议的行为。柴犬中较为常见的怪癖有舔舐前脚、啃咬身体、追着咬自己的尾巴等。当频繁地看到这些行为时，有可能是狗狗在通过这种方式消除压力。当爱犬出现怪癖行为时，一定要引起注意呀。

了解狗狗怪癖行为的原因，过一阵狗狗就不再有这样的行为了，一直以来都被认为是狗狗在排解压力，并不单纯是身体痒痒的缘故。或者，是它为回复主人的呼唤而做出的反应，当狗狗不再做出这些行为时也是同样的道理。不过，狗狗持续舔舐前脚的行为，也可能是患了皮肤病，需要去宠物医院咨询医生。

此外，如果不了解狗狗做出这些行为的原因，狗狗频繁持续地做出这样的行为，也有可能是患了常同障碍这种疾病。也有可能是身体和脑部患有疾病，需要咨询行为治疗的专业宠物医生并进行检查，在此基础上，有必要重新审视与爱犬的关系和爱犬的生活环境。

根据近年来的研究，发现与其他犬种相比，喜欢追逐自己的尾巴的柴犬数量非常多。出生2个月左右的幼犬都可以做出追尾巴的行为，极大的可能是由于遗传和血统的缘故。在因患有常同障碍症而追尾巴的情形下，病情严重的狗狗会将尾巴咬出血，也会出现紧紧咬住的情形。

与人一样，狗狗也有它的癖好，因为癖好中可能隐藏着疾病，出现令人担忧的情况时，请尽快去行为治疗科接受诊治。

柴犬是常见"追尾行为"的犬种，当狗狗将自己的尾巴咬伤时，请咨询专业兽医。

啊啊—
好舒服

6

护理时应该事先了解的事宜

刷毛、洗澡、散步之后擦拭身体、刷牙、掏耳朵等，本章将全方位介绍护理方法。

关于柴犬的毛质护理

毛发能够感受到温度的变化，从而实现调节自身体温的作用。为了保持健康，来维持闪亮的毛发吧。

为保护重要的皮肤，发挥着重要的作用

柴犬的毛发有双层，由上毛和下毛双层结构组成。毛发相当于厚垫子，对于保护皮肤免受伤害发挥着重要的作用。上毛挡雨挡雪，下毛不仅防止水分的渗入，还可以吸收紫外线，使紫外线难以到达皮肤，起着保护皮肤的作用。此外，毛发之间空气是可以进入的，作为绝热材料实现调节体温的作用。

毛在一定的周期内会再生和脱落并循环往复，春季和秋季是换毛的季节。换毛系统是为了最大程度地活化毛发机能所产生的生理现象，并受到光照和气温变化的影响。但是，受生活模式和生活节奏的影响，导致季节感变弱，由于日照时间和温度可以被控制，换毛期的周期变得混乱，一年里持续掉毛的情况也有所发生。

➡ 换毛期的样子

狗狗的毛发可以察觉到日照时间和气温的变化

从日照变长，天气转暖的三月开始，狗狗的冬毛开始脱落，从春季到夏季，逐渐变为密度小、稍微粗一些的夏毛。随后，日照变短，气温逐渐下降，秋季时夏毛开始脱落，下层毛发开始生长起来，长出能够在寒冷中保护身体的柔软的冬毛。

日常护理使被毛始终保持最佳状态

爱犬的换毛期出现时间不一致也没关系。一整年都在一点点脱毛也好，在夏季或冬季迎来换毛期也罢，勤做刷毛或洗澡之类的日常护理，仔细观察肌肤的状态最重要。因为本该脱掉的毛，如果不帮它除去的话，毛就会缠在一起，皮肤会闷热，污垢会残留，这样极易造成细菌感染。

狗狗的换毛并不是某一部位的毛一下子都脱掉，而是穿插式的一点点脱落。护理时拨开被毛，如果发现皮肤有脱毛或者其他异常时，建议尽早到动物医院就诊。

单层被毛的代表

贵宾犬　　蝴蝶犬　　约克夏梗犬

主要在温暖地区繁育改良或者观赏类的犬种，不管被毛长短，因为不需要在冬天抵御寒冷，所以被毛几乎只有一层。到了换毛期，脱毛的程度也和平时差不多。

双层被毛的代表

柴犬　　柯基犬　　博美犬

被毛由两层结构构成的双层被毛类狗狗主要在寒冷地区繁育改良，在四季分明的土地上培育的柴犬也属于这种类型，秋天下层绒毛生长，春天下层绒毛脱落，如此循环反复。

双层被毛的构造

从一个毛孔长出较硬的上层被毛和较柔软的绒毛。

绒毛

在上层被毛的周边，被称为绒毛，下层绒毛的二次毛从同一毛孔长出7~15根左右。软绵绵的细柔绒毛在换毛期时或生长或脱落。

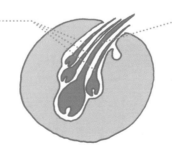

上层被毛

上层被毛，被称为首层被毛的一次毛从同一毛孔长出粗粗壮壮的2~5根。不同体型的狗狗间存在个体差异，长出的上层被毛根数也会不一样。

关于刷毛护理

为了保持健康的被毛，刷毛是必不可少的。为了每日都能享受舒适的生活，一定要将刷毛习惯化。

让新鲜的空气能够进入到毛发之间！

狗狗是借助被毛来进行温度调节的，如果有多余的毛发，会影响温度调节的效果。特别是在换毛期，如果能够精心给狗狗梳理毛发的话是非常好的。进一步说，通过与爱犬的肌肤接触，能够实现皮肤病的早期预防和早期发现。

在各式各样的梳子中，依据用途可以将它们分开，温柔认真地给狗狗梳理毛发吧。

刷毛护理的基本

在狗狗心情好的时候开始刷毛，结束的时候也要让狗狗有个好心情

不要勉强进行，短时间内结束

为了不让狗狗反感刷毛，不要花很长的时间，当梳子上不再有被毛沾上的时候，结束刷毛。

给狗狗带来快乐

刷毛并不可怕，让狗狗能够有个愉快的心情，不要忘记表扬它，给它一些奖励。

毛孔打开的状态时，毛容易脱落

脏东西落在狗狗的身上，用蒸毛巾擦拭全身后，再用毛巾包裹全身。

➡ 各式刷子的特征

除毛刷	橡胶刷	毛刷	梳子	针刷	刮刀
有着像推子一样的刀刃，只能除去已经脱落的下毛，请注意不要伤到皮肤。	用柔软的橡胶制成，在刷掉脱落的毛发时，也能够得到很好的按摩效果。	刷子的毛很软，可以安全地使用。不过，毛刷毛的部分容易积聚灰尘，要随时保持清洁。	很多梳子同时带有细齿和粗齿，最好沿着毛的走向梳理。	因为刷子前端是圆的，对被毛和皮肤的负担较小，头皮屑和灰尘等很容易被除去。	朝"く"字弯曲，将针植入而成的刷子，能够大量刷掉脱毛，请勿用力使用。

➡ 刷毛的方法

● **需要准备的工具／
各种刷子**

背部周围

适当用力，舒适最重要

一边分开背部的
被毛，一边轻拿用除
毛刷或者针状梳，顺
着被毛梳理。

脸部和颈部

支撑住身体，避免发生危险

用手托住爱犬的下巴，然后用犬刷
轻轻梳理。梳理颈部时，同样撑起爱犬
的下巴，顺着毛发的方向梳理。

臀部周围

不要给爱犬留下痛苦的印象

用拇指保护好肛
门和雌犬的阴部，雄
犬的睾丸要用手掌保
护好。这个部位非常
敏感，梳理时一定要
慎重。

耳朵周围

注意不要弄伤、弄疼爱犬

梳理耳朵下方时，要用拇指和食指
轻轻夹住耳朵，然后使用梳子梳理。耳
朵的背面要先用四根手指压住，从耳朵
根向耳朵尖用刷子梳理。

腿部周围

一定要轻轻的梳理

腿部被毛较薄，
要使用纤细型的橡胶
刷或者犬毛刷。梳理
腿部内侧时，要将手
从两条后腿中间穿
过，支撑爱犬的身
体。另外，梳理关节
部位时要注意，不能
抓得太紧。

腹部周围

轻轻的，慢慢的

将手从爱犬的两条后腿之间穿过，
以防止它坐下。腹部的被毛很薄，要用
犬毛刷或者橡胶刷轻轻的梳理。

关于洗澡

给讨厌水的柴犬洗澡是非常费劲的护理项目之一。从开始就要让狗狗习惯洗澡，使其得以顺利完成吧。

让洗澡成为快乐的消遣方式，狗狗才会愿意保持清洁

洗澡能够保护皮肤和被毛健康，是日常护理中必不可少的。此外，洗澡作为治疗皮肤病的一个环节，也能起到预防和改善的作用。

因为狗狗的皮肤敏感，要选择适合其皮肤状态的香波，给狗狗洗澡并不只是清洗毛发，要记住清洗皮肤是比只在毛发上打泡沫重要的事，通过两手揉搓使香波渗透到皮肤来进行清洗。

不过，给狗狗洗澡也不要勉强进行。不要摁压，不要冷不防的用水冲洗，重要的是让狗狗慢慢的适应。给狗狗奖励，要让狗狗感受到洗澡是一件快乐的事。

● **洗澡之前**

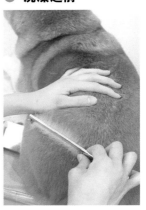

洗澡之前用刮刀沿着狗狗毛发的走向除去杂毛和皮屑，用双面梳的粗齿梳理毛发，用细齿除去多余的毛发。

● **"挤压肛门腺"是什么？**

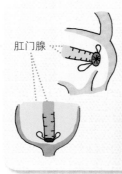

肛门腺

用手轻轻按摩肛门，然后将拇指和食指分别放在位于肛门下方4点钟和8点钟方向的肛门腺处，从下往上推，将残留物挤压出。

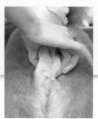

通过日常护理来预防疾病

肛门囊是指位于肛门左右两侧的腺体，腺囊内残留的分泌物如果长期积累不能及时排出的话，就会出现囊肿、疼痛等症状，甚至会引发肛门囊炎。当狗狗舔肛门时，就是在发出肛门腺被堵住的信号。挤压肛门腺最好一个月一次，跟洗澡一起进行最合适。用手轻轻按摩肛门，然后将拇指和食指分别放在位于肛门下方4点钟和8点钟方向的肛门腺处，从下往上推，将残留物挤压出。

➡ 洗澡的流程

● **需要准备的物品／**
香波、毛巾、吹风机、海绵

❶ 用热水润湿狗狗

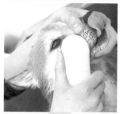

用与狗狗体温相适应的水，不要加大水压，按照从脚开始，腰、后背、头的顺序自下向上，用淋浴喷头贴在狗狗的身体上慢慢地淋湿。最后注意不要让水进入眼睛和耳朵，润湿脸部。

❷ 用沐浴露清洗

将稀释后的沐浴露放在双手，然后将沐浴露涂满狗狗全身，充分地打出泡沫，将手指深入到狗狗的皮肤处轻轻地清洗。用手将狗狗的头、耳朵、脸等位置打出泡沫，用泡沫覆盖，轻轻地清洗。如果使用海绵的话，能够充分地打出泡沫。

❸ 充分进行冲洗

为了不使沐浴露残留，一定要进行充分地清洗。没有冲洗干净的话，狗狗容易患皮肤病，因此，一定要注意。

❹ 擦拭身体

用大毛巾包裹住狗狗整个身体进行擦拭，使毛发倒竖起来认真地擦干净。别忘了擦耳朵里面哦。

❺ 擦干身体

用自己的手感受吹风机吹出的热风，确认温度后，再为狗狗吹干是非常重要的。然后，使用狗狗用的刷子，使狗狗的毛发倒竖起来，毛发的根部也要认真吹干。一定要注意不要让狗狗的脸被热风吹到。

❻ 擦干耳朵

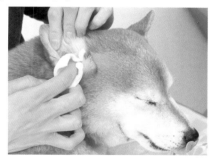

狗狗耳朵中的水用脱脂棉或者棉棒擦干。为了不要让狗狗患中耳炎等疾病，不要忘了充分地擦干耳朵中的水呀。

脚部和指甲的护理

柴犬不喜欢别人碰触它的脚部,一定要牢记不要勉强进行,要循序渐进地练习。

对于狗狗不喜欢别人碰触的脚部周围部位的护理

在室内生活增多的柴犬,触摸它的脚部,或者想修剪指甲时,有些狗狗会吼叫、乱闹,甚至会咬人。然而,如果脚部的护理怠慢的话,长长的指甲容易勾住地毯、脚底的毛会使狗狗在地板上滑倒从而导致受伤。因此,务必要让狗狗在幼犬阶段就适应脚部周围的护理。

擦脚 每天散步回来都要擦拭,所以一定要学会。

● 擦脚前

注意毛巾的大小!

为了避免狗狗乱动,擦拭用的毛巾应选择叠起来后能握在手里的尺寸。

固定好狗狗

起初给狗狗装上项圈和牵引绳,可以将狗狗系在门把手上,防止狗狗乱动。

不要忘记护理足底

足底的毛变长的话,狗狗在地板上容易滑倒,一定要勤快地修剪。此外,在盛夏和严冬时,狗狗的足底干燥容易皲裂,建议使用市场上出售的足底润肤露保湿。

➡ 擦脚的方法

● 需要准备的物品／毛巾

巧妙运用漏食球

主人用脚夹住狗狗的漏食球,狗狗咬住漏食球的时候给狗狗擦脚。

用零食引起狗狗的注意

在狗狗碰不到的地方放上零食引起狗狗的注意,如果狗狗乖乖地擦脚就将零食奖励给它。

剪指甲

如果主人表现得战战兢兢，这种感觉也会被狗狗敏感地察觉到，从而产生讨厌剪指甲的情绪。

采取每天剪一个指甲的做法，不勉强狗狗，慢慢地进行吧。

● 剪指甲前

担心的话可以事先准备好止血剂

指甲剪得过短会出血，为了避免出血带来的惊慌，可以事先准备好止血剂。

抚摸脚部的练习是必须的

如果狗狗不让人抚摸它的脚部，那么剪指甲就不可能完成。所以首先要进行抚摸脚部的练习。

[狗狗指甲的结构]

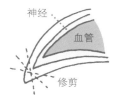

神经
血管
修剪

不修剪指甲任其生长的话，指甲内的血液流经的位置（被称为活肉）也会变长。经常剪指甲使得指甲活肉部位变短，从而减少流血现象。

➡ 剪指甲的方法

● 需要准备的物品 /
指甲刀、止血剂、零食奖励

① 使狗狗习惯剪指甲的工具

每次吃饭的时候，就把指甲刀放在饭盆的旁边，让狗狗自然而然地适应。

② 将指甲刀拿在手中放在狗狗面前给它看

将指甲刀拿在手中放在狗狗面前给它看，如果狗狗不讨厌它的话，就给狗狗零食等奖励。

③ 将指甲刀稍微靠近狗狗给它看

将指甲刀放在狗狗面前，并试着靠近狗狗，狗狗如果不讨厌它的话，给狗狗零食奖励，使狗狗慢慢地习惯。

④ 剪指甲要慢慢地接近狗狗的脚部

将指甲刀紧贴狗狗的脚部，把指甲放进指甲刀的空隙中，慢慢地使狗狗适应，尝试剪掉一枚指甲。

⑤ 后足也要修剪

将奖励放在狗狗的面前，当引起狗狗注意的时候，修剪后足的指甲。

注意！

不要用力握住狗狗的脚

有的狗狗因为不喜欢被用力握住，所以不喜欢剪指甲。握住狗狗的脚时，要轻轻地将狗狗的脚放在手中进行修剪。

115

耳朵和眼睛的护理

与垂耳的外来犬种相比,柴犬的耳朵是立耳,护理耳朵的麻烦事儿较少,但也要养成定期护理的习惯。

清洗耳朵过于频繁容易引起外耳炎

柴犬散步的时候会进入草丛,耳朵上容易沾上螨虫,污垢容易残留在耳朵中,因此,需要定期进行清理。健康的耳朵不会散发异味也不会有耳垢。当耳朵里面有异味和耳垢、耳内有黏乎乎发黑的东西,有炎症、长了东西或肿大、这些情况导致狗狗总是爱摇头,主人应带狗狗到宠物医院接受诊察。此外,清洗耳朵过于频繁会损伤耳内皮肤,从而导致外耳炎,因此,清洗耳朵的频率最好保持在2~3周一次的程度。

耳朵清洗

进行耳部清洁时需要将某种专用的液体倒进狗狗的耳朵,但大多数狗狗不喜欢这种方法。这里给大家介绍一种不用将液体直接倒进耳朵的方法。

● **进行耳朵清洁前**

先让狗狗习惯别人抚摸它的耳朵。一边用零食吸引狗狗,一边轻轻抚摸它的耳朵,让它慢慢习惯别人翻它的耳朵。

1 让狗狗习惯自己的耳朵被抚摸

2 让狗狗习惯自己的耳朵被翻过来

健康的耳道不会散发异味也不会有耳垢,平时要注意检查哦。

[狗狗耳朵的结构]

清洗耳朵时,因为外耳道(连接鼓膜和外界的管道)呈直角,所以不用担心弄伤鼓膜。但如果狗狗不喜欢清洗耳朵,而主人不顾它的反抗强行进行的话,很有可能在它乱动的时候弄伤耳内皮肤,因此,一定要注意。

外耳

中耳

➡ 清洁耳朵的方法

● **清洁耳朵的方法／**
棉纸、市场上销售的洗耳水

1 让狗狗习惯棉纸的触感

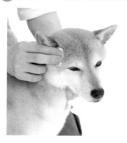

首先用干燥的棉纸抚摸狗狗的耳朵，让它习惯棉纸的触感。

2 使用洗耳水

将沾有洗耳水的棉纸放到狗狗的耳朵里，感觉到洗耳水通过棉纸渗入在狗狗耳中。

3 轻轻按揉耳朵

将棉纸放入耳朵后，轻轻按揉耳朵，用力擦拭耳朵内部会损伤皮肤，因此，一定要注意。

4 使耳垢脱落

不要擦拭耳垢，而要利用洗耳水使耳垢脱落再清理。可以视耳内污垢的程度具体操作。

5 用干棉纸擦拭

最后一步，使用干棉纸轻轻擦拭耳朵。

眼屎
眼屎可以说是狗狗健康的晴雨表。当狗狗眼屎较多时，应经常帮它擦拭掉。

➡ 眼屎的护理方法

● **需要准备的物品 ／ 棉纸、温水、市**
场上销售的犬用滴眼液等

眼屎放任不管会导致泪痕的形成

当狗狗眼部出现眼屎时，需用沾有温水的纱布或棉纸等轻轻擦拭掉。如果放任不管，任由眼屎变干，就会形成泪痕（容易滋生杂菌，可能还会引起感染），所以平时一定要经常擦拭。当眼屎颜色呈黄色或绿色，如果眼屎格外多时，需要带狗狗去宠物医院咨询。

关于狗狗的牙齿，你应该了解的事项

对狗狗来说，咬东西、啃东西是它最大的快乐。

维持牙齿健康，老了以后依然能够正常吃东西对狗狗来说是一件值得庆幸的事。

爱犬口腔出现异味时，很有可能是患了牙周病

现代的狗狗，3岁以上的成犬中大约有80%患有牙周病。造成这一现象的原因大致可以归纳为以下几点，现代狗狗开始摄入黏着性较高的食物、生活充满压力、伴随狗狗寿命延长而发生的牙垢、牙石附着力增强等。

当爱犬口腔出现异味或者牙龈出血时，很多情况下主人会以为那只是单纯的身体状况不佳，但实际上爱犬可能患上了严重的口腔疾病，因此，发现异常后一定要立即前往宠物医院诊治。

牙周病恶化后，不仅会造成牙齿脱落，还易导致上下颚骨折，甚至引发内脏疾病等，这些都会缩短狗狗的寿命。因此，一定要在幼犬阶段给狗狗养成刷牙的好习惯，或者擅用牙齿护理产品等，一定要做好牙齿的护理工作。

[狗狗牙齿结构]

狗狗有42颗牙齿（乳牙28颗），由12颗切齿，4颗犬齿，16颗前臼齿，10颗后臼齿构成。用来咬断食物的是上颚第4颗臼齿和下颚第1颗后臼齿，对狗狗来说，这两个位置是最易患牙周病的部位。

后臼齿　　　前臼齿　　　犬齿　切齿

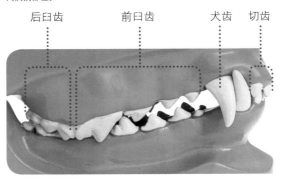

➡ 最希望留住的是裂肉齿

剪刀形的咬合方式是狗狗牙齿的特征

人类吃东西时，先用门牙咬断食物，然后用槽牙嚼碎后咽下。而狗狗则是用切齿和犬齿叼住食物后咬断，不用臼齿嚼碎而是直接咽下。上颚左右两侧的第4颗前臼齿和下颚左右两侧的第1颗后臼齿被称为"裂肉齿"，在狗狗进食时发挥着重要作用。

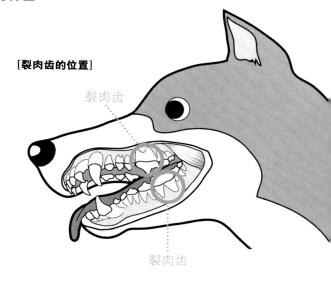

[裂肉齿的位置]

裂肉齿

裂肉齿

[狗狗牙齿的结构]

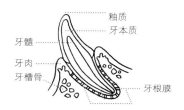

釉质
牙本质
牙髓
牙肉
牙槽骨
牙根膜

发周病的发展

 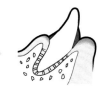 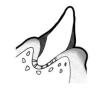 

健康状态的牙齿。在牙齿周围的牙肉、牙根膜、牙槽骨的作用下，牙齿很坚固。

牙垢附着在牙齿周围。最终牙垢会发展成牙石，从而导致牙肉出现炎症。

牙垢中的细菌致使牙肉肿胀，牙和牙龈之间残留的牙垢或牙石会导致牙肉衰退。

最终，不仅牙肉衰退，牙根膜和牙槽骨也会溶解，直至牙齿脱落。

除牙周病以外，折损齿和磨损齿问题也要注意

为了保持狗狗牙齿健康，除牙周病以外，还有一些其他需要注意的问题。例如，作为奖励给狗狗吃的牛蹄或硬的玩具会导致牙齿折断，网球或足球等玩得时间过久会将牙齿磨损。

牙齿折损或磨损后，牙神经会外露，为细菌侵入带来了机会，从而会引发炎症。此外，牙神经外露还会伴随疼痛，导致狗狗在喝水时产生痛感。即便棉布之类柔软的东西，几小时咬个不停也会导致牙齿磨损，因此，需要格外注意。

刷牙

幼犬阶段养成正确的刷牙习惯将有效预防牙周病。
请务必掌握好刷牙方法并进行实践。

关注口臭和唾液变色状况

没有口腔疾病的健康狗狗,几乎没有口臭。因此,当爱犬口臭变严重,或者唾液有血呈红色,或者呈浑浊的白色时,应立即带它去宠物医院接受治疗。平时给爱犬刷牙时要多留意,最好养成检查口腔内部健康的好习惯。

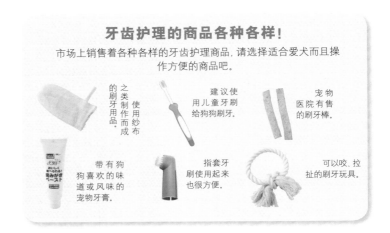

牙齿护理的商品各种各样!

市场上销售着各种各样的牙齿护理商品,请选择适合爱犬而且操作方便的商品吧。

之类制作而成的刷牙用品。 使用纱布

建议使用儿童牙刷给狗狗刷牙。

宠物医院有售的刷牙棒。

带有狗狗喜欢的味道或风味的宠物牙膏。

指套牙刷使用起来也很方便。

可以咬、拉扯的刷牙玩具。

● **刷牙前** 要让狗狗习惯别人触摸它的嘴部。

①触摸下巴

触摸狗狗的下巴,给它零食奖励。单手固定住狗狗的脸部,抚摸耳朵周围等狗狗喜欢被触摸的位置。

②每次一点点将手向嘴部移动

每次以1厘米为单位,一点点地将手移向狗狗的嘴部,每次移动时,喂给狗狗零食。

③触摸鼻子附近

慢慢地用手触摸狗狗鼻子的侧面和上面。每次移动时,喂给狗狗零食。

④单手握住口鼻部

一只手将狗狗的口鼻部包住握好,另一只手从耳朵周围开始再次向嘴部移动。

⑤触摸嘴部两侧

手慢慢地移动,像按摩那样触摸狗狗嘴部两侧。

⑥将手指放入狗狗嘴里

如果触摸狗狗嘴部,狗狗没有太大反应时,可以将手指放入狗狗嘴里,让狗狗习惯触摸它的牙床和牙齿。

➡ 刷牙的方法

（使用纱布等）

● **需要准备的物品**

纱布或纱布状的刷牙用具，带有食物或肉味的漱口水，市场上销售的宠物牙膏等。

1 用裹着纱布的手指刷牙

用纱布将食指卷起来，另一只手撑住狗狗脸部防止狗狗乱动。准备好姿势就可以用手指给狗狗刷牙了。

2 立刻给狗狗零食奖励

稍微刷一会，立刻给狗狗零食奖励。此时事先用卷着纱布的手拿着零食，便于狗狗立刻吃到。

（使用牙刷等）

● **需要准备的物品**

带有肉味的漱口水，市场上销售的宠物牙膏、儿童牙刷或指套牙刷等。

1 使狗狗习惯牙刷

用牙刷一点一点地给狗狗的面部做按摩，让狗狗对牙刷有个好印象。

2 将牙刷放入口中

在 **1** 的基础上，狗狗对牙刷不再反感了，可以将牙刷稍微放入狗狗口中，轻轻地刷槽牙，观察狗狗的状态。

3 狗狗表现得好，要给它奖励

用牙刷给它刷牙的时候，狗狗要是乖乖听话，立刻要用零食作为奖励来表扬它。

4 可以每日刷一颗牙

一次不用刷完全部牙齿，每日刷一颗牙齿就可以，在这种感觉下，不要勉强，要循序渐进地进行练习。

5 狗狗适应后要减少零食

狗狗习惯了刷牙，要减少零食奖励。此外，狗狗觉得牙刷碍事时，要将牙刷隐藏起来。

需要去宠物医院或宠物美容院时要注意的事项

宠物美容是让狗狗习惯于被别人触摸身体的良机。
最近将给狗狗洗澡的事情交给宠物美容院的主人也越来越多。

要考虑爱犬的性格和年龄、身体状况等，进行充分的沟通

不想在家给狗狗洗澡的情况下，最好将给狗狗洗澡的事情交给宠物医院或者宠物美容院。与常规的护理项目相比，为柴犬修剪肛门周围毛发、洗澡、剪指甲、修剪脚底的毛发、清洁耳朵等项目多被包括在内。有的美容师会像修剪洋犬那样给柴犬修剪胡须和臀部上的毛发，主人在拜托美容师修剪的时候，一定要将想法事先说明。此外，对于讨厌洗澡而胡闹的狗狗，首先，要向对方说明"触碰狗狗身体的哪个地方狗狗会有怎样的反应"。在店里给狗狗洗澡，使狗狗习惯被别人触摸身体、拜托宠物医院给狗狗修剪毛发，也可以及时发现狗狗的皮肤疾病和身体肿瘤，从而进行早期的治疗。不过，也有很多柴犬性格敏感，非常讨厌修剪毛发，回家后身体状况会出现问题；老年狗狗的身体状况不良，洗澡反而给身体带来巨大负担等。所以要事先考虑爱犬的性格和年龄、身体状况等因素，再与宠物医院或宠物美容院进行充分的沟通吧。

要让臀部看起来美美哒～

健康最重要!

7

关心狗狗的疾病和
健康问题

狗狗的健康管理是主人的责任。疾病要早发
现、早治疗,让狗狗健康、长寿地生活下去吧。

健康检查的要点

为了注意到狗狗的疾病或伤病，日常生活中要给它进行健康检查。只要掌握了狗狗健康时的状态，就能做到疾病的早发现、早治疗。

将每天的全身健康检查养成习惯吧!

为了早些注意到爱犬的身体问题，平时要掌握它全身的状态，了解各个部位常见的异常表现。身体不适的信号会表现在食欲或排泄等方面，因此，平时留意狗狗的状态很重要。在家里养成每天进行健康检查的习惯，发现异常立即去医院就诊。努力做到疾病的早发现、早治疗。

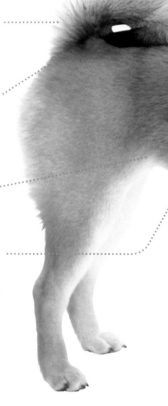

尾巴

外出散步时，带狗狗去草丛之类的地方玩耍的话，很有可能会招来跳蚤。狗狗身上有跳蚤的话，它会全身发痒或出现毛发突然脱落等现象，因此要注意。

臀部周围

健康状况下，狗狗臀部周围是干净的，肛门紧缩，呈深色。检查时需要确认肛门是否发红、肿胀、附着排泄物等。当发现狗狗频繁地舔臀部，或者坐在地上时来回磨蹭时，主人就需要注意了。

生殖器

雄犬一般需要确认睾丸和阴茎的状态，同时要检查是否有分泌物或红肿。雌犬需要确认阴部的状态，以及是否有出血或分泌物等。此外，如果连子宫所在的下腹的状态也一起检查的话更放心。

肚子周围

标准体型的狗狗，它的肋骨后面的部位会稍微收缩。如果发现该部位膨胀的话，除了肥胖的可能性外，还可能是患了严重的内脏疾病。此外，如果每次饭后该部位就突然膨胀的话，也需要注意。留意爱犬的状态，早些采取措施吧。

耳朵

健康状态下，耳朵呈带有血色的粉红色。耳朵内部容易积存皮屑或污垢，还容易寄生跳蚤或螨虫。护理时可以使用干布擦拭。使用湿纸巾可能会引起湿疹等疾病，要注意。

托了哦！体拜！检查身

眼睛

眼睛透亮、炯炯有神是正常状态。发现眼睛充血、有眼屎、有浑浊物，眼脸肿胀、瞳孔扩大等现象时，说明眼睛出现了异常。此外，如果狗狗总是闭眼睛、揉眼睛或者左右两眼不一样时，也需要注意。

鼻子

一般来说，柴犬的鼻子在它醒着时是湿润的，睡觉时则是干燥的。在狗狗醒着的状态下检查鼻子的状态，如果发现鼻子干燥、堵塞、流鼻涕等现象，很有可能是鼻子状况不佳。

嘴巴

牙齿没有牙垢或牙石是最好的状态。如果口臭严重，说明患了某些口腔疾病，需要注意。牙肉呈带有血色的粉红色时是健康状态。狗狗贫血的话，牙肉的颜色会变成没有血色的白色。所以，从牙周的颜色可以发现很多疾病。

被毛

柴犬有被称为双层外套的两层毛发。在春季和秋季的换毛期，硬质的上毛留下而柔软的下毛脱落。上毛和下毛如果无关季节的严重脱落、部分脱落的时候，可能是因为狗狗生病了。

皮肤

健康状态下，狗狗的皮肤呈浅浅的粉红色。狗狗的皮肤因为有被毛覆盖，所以比人的皮肤敏感。一定要仔细留意皮肤的颜色、肿胀、结痂、皮屑等状态。如果狗狗体臭严重，说明可能潜藏着某些皮肤疾病。

脚部

散步时狗狗的走路方式基本上是有节奏的快步伐。当出现摇摇晃晃、不灵活、跛行等异常状态时，可能是受伤或脑部异常。关节异常一般表现在后足。因此，请事先掌握狗狗后足的形状。

脚趾·肉球·指甲

狗狗的脚趾呈轻轻握拳的形状，肉球像耳垂一样有弹性，指甲的长度正好触碰到地面，这是脚部的正常状态。如果柴犬散步的时间较长，要记得检查肉球部位有没有受伤。

宠物医院的选择方法和就诊方法

　　选择一家能够将爱犬放心托付治疗的宠物医院吧。

　　为了避免主人因爱犬的疾病或伤病而焦躁，有一些就诊要点需要事先了解。

选择一家适合主人和爱犬的宠物医院吧

　　即便狗狗很健康，但也需要接种狂犬病预防疫苗、混合疫苗、开驱虫药处方等，每年必需要去几次宠物医院。因此，选择一家疾病、伤病都信得过的宠物医院吧。

　　首先，医院内部要整洁，医疗设施完备；宠物医生能将爱犬的健康状态、症状和治疗方法等跟主人说明清楚；对于主人关心的问题，医生能够设身处地地提出建议。其次，治疗或手术可以放心地交给医院，如果是医院治疗不了的疾病，他们可以给主人介绍其他专家。大体上需要考虑这些方面。此外，不同的宠物医院，治疗费、治疗方法、处方药等也不尽相同，请将这些也列入考虑的范畴。同时，还要考虑家到医院的距离、主人与宠物医生是否聊得来等因素。为了选择一家适合主人和爱犬的宠物医院，主人自己做判断很重要。可以先在网上搜索附近的宠物医院，然后通过电话来确认实际情况跟自己的想象是否一致。

为了避免狗狗在就诊室乱动，平时应养成允许别人抱之类的习惯。

就诊时应传达的信息

何时发作、何种状态

　　对于发现爱犬身体状态不好的契机和状态，应详细向医生说明。发觉"跟往常不一样"时，其实很有可能潜藏着某些疾病或伤病。

就诊时应携带的物品

便便或呕吐物等都要携带

　　怕遗忘而用来记录狗狗状态不佳的契机或状态的笔记本、就诊时作为判断材料的当天排泄物或呕吐物等，都要带上。

进入有很多动物的候诊室时，为了避免它们之间发生冲突，最好将爱犬放进便携箱里等候。

➡ 出现以下现象时，请带狗狗去宠物医院就诊

狗狗的动作和行为能够表达出身体的不适。当发现狗狗〝和往常不一样〞时，需要去医院就诊。带狗狗去宠物医院时，有些注意事项需要确认。

呕吐

起因多种多样

呕吐是非常危险的信号。不仅误食、胃部疾病会引起呕吐，感染症、脑、肝脏、胰腺、肾脏、膀胱等很多脏器官的障碍都会导致呕吐。有时，严重呕吐持续2～3天后，狗狗会死亡；有时，可能潜藏着某些分秒必争的疾病。当狗狗1天呕吐2次及以上时，应立即带它去宠物医院就诊。

没有精神和食欲

发现异常立即就诊

如果当爱犬听到呼唤没有反应、眼神呆滞、呼吸急促、毛发无光泽时，这时候才察觉到异常的话，爱犬的疾病可能已经重症化了。为了及早注意到狗狗的异常，如〝和往常不一样〞〝平时完成得很棒的动作尽然失败了〞〝今天特别奇怪〞等，平时需要仔细观察爱犬的状态。发现异常立即就诊，有利于疾病的早发现、早治疗。

激烈的挠身体

请检查被毛和皮肤的状态

当狗狗频繁地挠身体时，多数情况是由皮肤疾病或寄生虫引起的，需要注意。即便被毛没有异样，但皮肤很可能出现了症状，因此，请拨开毛仔细检查。有时体内的不适也会导致狗狗挠身体，以防万一，发现异常后最好去医院就诊。

眼睛、耳朵、皮肤、牙肉的变色

出现肉眼可分辨的变化时要注意

要注意狗狗眼睛、耳朵、皮肤、牙肉的颜色变化。当发现颜色变白、变深、变黄、发紫等情况，或者出现红色或紫色斑点时，请去宠物医院就诊。这些是黄疸、贫血等各种疾病表现出来的症状。

发生事故

送医院时要照顾到狗狗身上的伤

因交通事故或狗狗之间发生冲突而受伤时，请立即带狗狗去医院就诊。因伤痛、害怕而处于恐慌状态的狗狗很有可能会咬伤抱起它的人，因此，用浴巾或毛毯等先将其裹住，然后再抱它起来。同时，送医院时为了避免箱子压迫它身上的伤口，请将它放进宽敞的便携箱里。

咳嗽、呼吸困难

狗狗全身的状态也要重点观察

天气不热却用嘴呼吸、胸口的跳动速度比平时快、咳嗽等，当出现上述症状时，不仅是狗狗的呼吸器官出现了疾病，很有可能是整个身体都出现了疾病，因此，包括牙肉的颜色等在内，请检查狗狗全身的状态吧。当开车载着呼吸极其困难的狗狗去医院时，请它放在后座上并固定好牵引绳，让它保持一个舒适的姿势。不要把它放进携带箱里，抱着它会让它感觉舒服些。

关于柴犬的常见疾病

在各种各样的犬类疾病中，这里主要介绍柴犬易患的疾病。为了随时守护爱犬的健康，请注意预防以及早发现、早治疗。

主要有咳嗽、呼吸不畅等症状

犬类丝虫症

症状

这是一种由于蚊子的叮咬导致血寄生丝虫（犬类状虫）进入狗狗血液，寄生在肺动脉或心脏，从而引起的疾病。主要症状有持续性咳嗽、腹水、肺动脉破裂导致的咳血、血尿等。感染后病情会逐渐恶化，但也有急剧恶化的情况。死亡的危险性非常高，不能完全治愈。

治疗

一旦出现发病症状，基本上就已经是重病状态。喂食丝虫成虫的杀虫剂是主要的治疗方法。但该方法对肝脏的伤害非常大，有致命危险。此外，还会留下高血压等后遗症。无法根治，治疗时请和动物医生好好商量治疗方法。定期喂食丝虫预防药物来预防感染是最重要的。

犬窝咳（犬传染性气管支气管炎）

症状

伴有持续性咳嗽或发烧的具有传染性的呼吸器感染病的总称，和人类的感冒一样，是由各种各样的病毒或者细菌引起的。在免疫力较差的狗狗中发病率高。多数情况下，新领养的幼犬已经感染了该疾病。即便是健康的成犬，到了空气干燥的冬季等易发病时期也应该十分注意。该疾病主要通过接触传染和唾液传染。感染后的 1～2 周，喉咙有异物感并开始咳嗽，出现流鼻涕，发烧，食欲不振等症状。病情严重时会引起肺炎，甚至导致死亡。

治疗

病情较轻的话可以自然治愈。但是因为体力不支，极易发生二次感染（感染其他疾病），因此，一般采取喂食或者吸入抗生药物等治疗方法。作为疾病的预防，注射混合型疫苗是非常重要的。此外，当体力低下时容易发生感染，因此，注意保持狗窝的清洁和舒适。

捡食行为或寄生虫是消化系统的大敌

急性胃炎

症状

胃黏膜上出现炎症从而引发的反复持续的严重性呕吐。主要是由于误饮、误食、摄取了有毒物质引起的，极少数是由于喝了处方药而导致的。通常会伴有强烈的胃痛。当呕吐次数较多时，体液流失严重会出现脱水现象，不及时治疗会有生命危险。此外，被认为是急性胃炎的情况，实际上有可能是重症的胰脏炎。当狗狗出现大量吐血现象时，必须紧急就医。

治疗

通过腹部触诊、X 射线检查、超声波检查、血液检查、胃镜等方法诊断。发病原因不明且病症较轻时可以喂食止吐剂和输液，并绝水 12 小时和绝食 24 小时来观察情况。然后逐渐喂水，不再呕吐的话可以喂食流食。病症较重时需要住院接受点滴治疗。此外，因误食异物导致的则需要使用内视镜或者剖腹进行异物取出手术。

寄生虫性肠炎

症状

因寄生虫导致的疾病在任何年龄段都可能会发病的。由于蛔虫、钩虫、鞭虫、球虫、梨形鞭毛虫等寄生虫在肠内感染而发病，引发反复持续的急性腹泻或慢性腹泻。此外，一些寄生虫的感染还会引起呕吐、贫血、腹部胀痛等消化系统各种各样的不调。病情严重的还有致命危险。

治疗

只要寄生虫还残留在狗狗体内，病症就会反复发作。因此，根治病症非常重要。寄生虫会随着狗狗的成长而在狗狗体内移动。以蛔虫的生命周期为例，蛔虫幼虫在从肠道向其他内脏器官侵入时会长大，然后再次返回肠道产卵。驱虫剂对于寄生在肠道以外的寄生虫毫无作用，所以需要持续数月有计划地进行喂药。延误治疗的话会对肠道造成严重损伤。腹泻有可能因此伴随狗狗一生。

通过早期发现可以保护宝贵的眼睛

白内障

症状

白内障是眼部晶状体周围蛋白质发生变性导致眼睛逐渐变白，视野模糊，视力低下的疾病。白内障有遗传性、先天性和后天性三种类型。遗传性白内障是遗传性视网膜萎缩所引起，后天性白内障是由于外伤、糖尿病、年龄增长、葡萄膜炎等原因引起的。

治疗

没有能够抑制白内障发展，使白内障完全治愈的内科治疗方法。通过检查接受手术治疗是治疗白内障的捷径。但是，手术后，要终生用眼药滴眼。考虑生活方式和爱犬的性格来决定是否接受手术治疗吧。

青光眼

症状

青光眼是眼压升高，视网膜和视神经受到压迫而引起的视觉障碍。伴随着剧烈的疼痛，会发生眼睑痉挛，流眼泪，不喜欢头部被触碰的情况。此外，也会出现食欲不振，没有精神等症状。进入慢性期，眼球会比以前变大。

治疗

通过点眼药水或者服药等内科治疗或者外科治疗等方法使眼压下降。失明后眼压依旧很高的情况时，可以进行假眼植入手术或者眼球摘除手术。因为没有具体的预防方法，早期发现、早期治疗是非常重要的。此外，不要忽略定期的眼睛检查，一旦觉察到异样，应尽快带去宠物医院就医。

角膜炎

症状

洗发水和砂砾入眼，由病毒和细菌所引起，覆盖在眼球表面的角膜发炎而引起的疾病。也能见到因为疼痛和发痒而揉眼，睁不开眼，怕光，有眼屎，流眼泪等症状。

治疗

使用消炎药、抗生素，治疗角膜损伤的眼药等，这种内科的治疗方法为基本。同时，如有外伤也要接受治疗，在疼痛和发痒严重的情形下，一定要去宠物医院接受检查。

变性脊椎炎

症状

由激烈的运动和肥胖，老化所引起，导致脊柱中所插的椎间盘受压迫，脊椎发生变性的疾病。在发病部位和病情进展上，症状多种多样。常见症状有疼痛、抬不起脚、四肢麻痹、后背疼痛、排尿排便困难等。

治疗

轻度的情况下，可以在患处用药来止痛，避免运动，安静休养。发生脊椎管狭窄的情形时，实施外科治疗后，也可以通过康复训练恢复神经。要将通过饮食管理来防止肥胖牢记在心，为了不给脊椎增加负担，要减少周围环境的高低差异，为狗狗改善周围的环境。

股关节发育不良

症状

由连接大腿骨和骨盆的股关节的变形和发育不良所导致，后腿的走路方式和坐姿出现异常，这是大型犬多发的疾病之一。除了遗传性的因素外，激烈运动和肥胖也是此病的发病原因。也常见横着座、摆动着腰走路，像兔子跳着那样的走路方式、行走的时候低着头，站起来的时候需要花费很长时间等症状。有出生六个月左右发病的情况，也有进入老年期后发病的情况。

治疗

根据年龄，关节的松弛，病情的进展程度来决定治疗方法。轻度的情形时，一边缓解疼痛，使用能够抑制病情恶化的止痛药，消炎药等药物，一边实行运动限制和饮食管理。重度的情形时，进行外科手术是非常必要的，手术成功的话，就会免受各种症状的折磨。

膝盖骨脱臼

症状

是膝盖骨从正常的位置偏离而引起的疾病。有先天性，也有因交通事故、从高处跌落、不小心扭伤等后天性的原因。在抬后腿、伸后腿、抬起脚、抬脚尖等行走方面出现异常。先天性的重度脱臼，会随着成长病情不断恶化，也有脚发生变形不能行走的情况出现。

治疗

先天性的膝盖骨脱臼，可以在狗狗出生后11个月左右，也就是膝盖骨停止生长的时候，进行将膝盖骨恢复到正常位置的手术。变形严重的话，也会给手术带来困难，因此，从幼犬时期就要带狗狗去宠物医院检查病情的进展程度。注意在日常生活中不要给狗狗的膝盖增加负担，铺上地毯，营造一个防滑的环境也是非常重要的。

用适当的运动
击退肥胖

131

注意时刻保持清洁！

马拉色菌皮炎

(脂溢性皮炎)

症状

这是皮肤油腻狗狗的一种常见皮肤疾病，当身体处于易出油状态时，作为皮肤和黏膜的常见菌的马拉色菌这种酵母菌会繁殖，从而引起瘙痒或炎症。使皮肤的屏障处于虚弱状态，因此，除了马拉色菌以外，还可能感染螨虫或者细菌，从而导致多种皮肤疾病一并发作。会出现皮脂变得黏黏糊糊，体臭更加严重、皮肤变红、皮屑增多、脱毛、皮疹等症状。这种疾病多见于高温潮湿的时期。

治疗

想要根治，仔细排查发病原因很重要。为了抑制诱发病症的马拉色菌或其他细菌的繁殖，需要使用抗真菌剂或抗生物质等。此外，为了除掉分泌出来的过多皮脂，需要使用宠物医院的处方药，用宠物洗头水进行清洗，使用后冲洗干净不要让药物残留，然后用吹风机吹干。柴犬有上毛和下毛双层被毛，完全吹干需要很长时间，因此，要边梳理边吹干。此外，如果体毛中有湿气残留的话，皮肤会闷热，因此，雨天散步时，要仔细吹干，养成保持皮毛清洁的好习惯。

特应性皮炎

症状

柴犬属于皮肤较敏感的狗狗，它的皮肤容易受到外界刺激，也容易发生反应，因此，需要预防皮肤疾病。其中特应性皮炎是比较常见的皮肤疾病。发病的起因会由于与生俱来的体质不同而有所差异，不过一般都是因为受到了某种刺激，很难根治。发病年龄在出生后6个月到4岁之前，几乎一整年都发病。皮肤瘙痒后开始出现红肿、溃烂、色素沉淀、皮肤变硬变厚等症状。更严重的，瘙痒会发展成巨大的精神压力，从而出现食欲不振、睡眠不足、精神上的问题等症状。

治疗

为了减轻瘙痒，可以使用止痒效果强的类固醇药剂。同时，抑制作为瘙痒祸首之一的组织胺的活性，使用具有镇定效果的抗组织胺药剂或者抑制免疫力的环孢霉素。上述药物一起使用时，应减少类固醇药剂的使用量，用来预防副作用的出现。此外，梳理毛发、洗澡、打扫卫生、换气、清洗衣物等要频繁。药物治疗以及生活中排除刺激物对于该疾病的改善和预防非常有效。

食物过敏症

症状

现实中并没有那么多食物过敏的病例，无论什么狗狗都可能对特定的食物过敏，存在过敏的可能。发病时期也与年龄无关。脱毛和皮肤瘙痒是主要的症状，有时也会引起慢性腹泻等肠胃功能障碍。此外，食物过敏也是难以医治的外耳炎和遗传性皮炎恶化的主要原因。

治疗

为找到成为过敏源的特定食物成分，实行数月的饮食限制测试。给狗狗喂食至今从未吃过的食物，检查发痒的症状是否减轻。要像兽医咨询正确的实验方法。严禁喂食测试以外的食物。测试的目的是找到过敏原后，避免给狗狗喂食含有过敏原的食材，这点非常重要。此外，通过血液进行过敏测试表现为阳性，这与食材相关，如果不进行负载实验的话，也很难做出正确的判断。

脓皮症

症状

常见于不满4岁或者10岁以上的狗狗，皮肤中出现像红色或米色的皮疹，出现在身体局部或者全身。几乎不会出现发痒的情况。此外，遗传性皮炎等疾病是脓皮症恶化的主要原因，恶性肿瘤、免疫异常也是发病的主要原因。年龄小的狗狗发生脓皮症不用担心，但4岁以上的狗狗全身出现这种情况时，可能隐藏着重度的疾病，所以有必要查明发病的原因。

治疗

可以用杀菌效果好的药用香波进行药浴，也可以给狗狗喂食一周以上的适量抗生素，或者两种方法同时使用。此外，为了达到良好的治疗效果，也可以进行细菌的药剂敏感性测试。

不要着急。
要有耐心！

生活中保持清洁是基本

子宫积脓症 (雌性)

症 状

子宫积脓症是指大肠菌等细菌侵入子宫引起子宫发炎，脓液在子宫内积聚的疾病。未接受避孕手术、没有生产经验的7岁以上的雌犬要特别注意。多发于发情期开始后2个月左右的黄体期。有开放性和封闭性两种类型。封闭性的情况下，腹部肿胀、食欲不振、多饮多尿，进而恶化为频繁地呕吐、吐气带有恶臭，出现痉挛等症状。也有在发病两周内死亡的情况。

治 疗

内科治疗法是打开宫颈管，注射具有将子宫内积聚脓液排出作用的药剂。同时，要长时间给狗狗服用抑制细菌繁殖的抗生素。然而，也有在下一次发情期发作的可能性。最好的方法是通过手术切除卵巢和积聚脓液的子宫。最好依靠兽医的判断，听从医生的建议。能够排除子宫感染的避孕手术是预防的方法。在狗狗年轻健康的时候进行避孕手术会比较放心，因为能够在最小限度内减少对狗狗身体的负担及手术的风险。

乳腺炎 (雌性)

症 状

产生乳汁的乳腺发炎所引起的疾病，母犬产后哺乳期乳汁分泌过剩导致乳腺堵塞，幼犬的牙齿或爪子中的细菌从乳头进入乳腺而发病。此外，发情后和假孕也会影响乳腺，乳腺发热或肿胀。重度乳腺炎伴有发热，无精打采、食欲不振、感觉患处发硬疼痛，不喜欢被触碰患处的情形。此外，还会从乳腺中流出黄色的乳汁。

治 疗

冷却患处减少血液流入以减轻炎症。此外，哺乳的情况下，因乳汁中含有细菌的危险，要中止哺乳，为了幼犬的安全，改换为人工哺乳方式。对于特定细菌，可以给狗狗服用最有效的抗生素或消炎药、荷尔蒙药物。出现自溃（化脓崩溃的状态）等严重的情形时，要依靠兽医的判断，进行乳腺的切除手术也是可以的。为预防该病，在狗狗年轻健康的时期进行避孕手术也是有效的方法。

肛门囊炎

症状

肛门囊炎是由肛周不洁引起细菌感染，肛门囊开口部阻塞等原因，导致肛门附近的肛门囊（香袋）发炎的疾病。肛门囊的位置，相当于钟表在8点20分所形成的位置。出现炎症时狗狗会发生臀部发痒，舔舐肛门等行为。不久，肛门周围会出现红肿，进一步恶化，会发生剧烈的疼痛，最终破裂发脓。发病与年龄无关。

治疗

程度轻可以采用压迫排泄的方法。用压迫排泄无法排出肛门囊液，或发生肛门破裂的情况时，使用抗生素和消炎药来抑制化脓。程度严重时，要进行肛门囊的摘除手术。平常可以一月一次将狗狗的肛门囊液挤出，大体可以起到预防的作用。为了防止复发，一定不能疏于照顾，这点非常重要。难以处理时建议带狗狗去宠物医院处理。

前列腺肿大　（雄性）

症状

因年龄增长精巢的功能衰退，精巢荷尔蒙失衡所导致，前列腺过于肿大导致大肠和尿道受压迫的疾病。常见于没有做过去势手术的5岁以上的雄犬，随着年龄增长更容易发病。初期几乎见不到任何症状，疾病恶化会导致排便困难，进一步恶化会导致排尿困难。

治疗

症状较轻的阶段，可以通过服用抑制精巢荷尔蒙功能的荷尔蒙药剂这一内科疗法进行治疗。然而，最有效的是将睾丸切除的去势手术。此外，前列腺癌的情况下也可以采取睾丸的摘除手术。

膀胱炎·尿道炎·前列腺炎
（雄性·雌性）　　　　　　（雄性）

症状

膀胱炎、尿道炎、前列腺炎，都是由于细菌感染等一些原因导致的泌尿器官和生殖器发炎的疾病。伴有尿血、尿色深、尿浊、异味重、大量饮水、食欲不振、下腹疼痛症状。此外，也会发生狗狗舔舐生殖器的情况。

治疗

为了确诊病情，尿检是非常重要的。引起膀胱炎的细菌是特定的，要给狗狗服用有效适当的抗生素。平时保持阴部的清洁，不要让狗狗憋尿这点非常重要。此外，为了不错过爱犬任何细小的变化，要经常观察爱犬的阴部和尿液的状态。

狗狗七岁以后，要接受半年一次的定期健康检查

二尖瓣闭锁不全症

症状

心脏左心房和左心室之间的二尖瓣，起着防止血液逆流的重要作用。二尖瓣出问题会引发二尖瓣闭锁不全症。中年期以后二尖瓣疾病不断恶化，症状在狗狗进入10岁以上的老年期出现。出现咳嗽，不喜欢运动或散步，呼吸困难等症状。末期会陷入昏睡状态。在很多情况下，进一步恶化会引起肺水肿而导致死亡。

治疗

虽然经过射线，超声，心电图等检查，但没有有效的治疗法和预防法。为了改善症状，可以服用扩张血管的药物，增强心脏收缩的药物，能够减少体内多余水分具有利尿作用的药物。作为食物疗法，给狗狗服用针对心脏病的食疗食物也是有益处的。散步和洗澡会增加心脏的负担，不要频繁进行，要向兽医进行咨询。

恶性肿瘤（癌症）

症状

身体各处都可能发生肿瘤（肿块、细胞块），有良性和恶性之分。良性肿瘤基本不会危及生命。恶性的被称为癌或肉瘤，转移扩散会危及生命。因肿瘤种类和发生位置的不同也有各种各样的症状。例如，柴犬较为多发的恶性黑色肿瘤，如果发生在视线难以看到的口腔内部，口臭加重，大约1个月转移到肺部，数月后呼吸困难而死亡。但是，在皮肤中发生恶性黑色肿瘤时，也有就算是恶性也不发生转移只在皮肤发病的情形。一旦发现有小肿块，尽早带狗狗去宠物医院就诊。

治疗

发现肿块后，在完成血液检查，射线检查，内窥镜检查，超声波检查后，进行活体组织检查或者进行肿块切除手术。通过病理检查确定是否为肿瘤。如果为肿瘤，要确定肿瘤的种类。被诊断为恶性肿瘤时，就治疗方法要与宠物医生进行详细沟通，经充分沟通后确定治疗方案。恶性肿瘤的治愈绝非易事，通过改善全身症状，缓解癌症症状而继续生存是治疗的目标。癌症的早发现，早治疗非常重要。平时要多观察多抚摸狗狗，要是发现米粒大小的肿块，请尽早去宠物医院就诊。柴犬的毛有一定的厚度，只是轻轻抚摸的话也不容易发现肿块。但是，揉搓肿块会破坏内部组织，癌症可能会在体内转移扩散。如果发现肿块请勿用力触摸。

痴呆症

症 状

随着老化,脑萎缩和有毒物质的沉积,脑部机能低下,从而引起各种各样的痴呆症状。从11岁开始出现,随着年龄的增长而日益严重。疑似痴呆症的情形有,夜鸣,画圈状徘徊,呼唤而没有反应,在狭窄的地方把头塞进去但却退不出来,食欲旺盛,多眠,没有腹泻却消瘦,尿失禁,频繁的抖动,活动性低下,无视应该做到的指示等。

治 疗

使用可以使脑部功能活性化的富含DHA和EPA等脂肪酸成分的处方食品或补充剂,可以起到期待的治疗效果。此外,使用抑制活性氧,摄入提升免疫力的维生素E也是有效的。进一步来说,日常生活中脑部输氧,刺激脑神经也可以起到预防的作用,通过适当的运动和散步防止肌肉衰老,与狗狗交谈,抚摸等肌肤接触也是有效的方法。当狗狗稍微出现痴呆症的情形时,带狗狗去经常就诊的医生处检查。

甲状腺功能减退症

症 状

位于喉部的甲状腺分泌的甲状腺荷尔蒙,承担着调节身体代谢的作用。如果甲状腺荷尔蒙的分泌量减少,会对身体的很多部位产生影响。会出现无精打采,畏寒,缺少活力,体重增加,对称性脱毛,色素沉着,皮肤干燥,脉搏无力,贫血等症状。也会对神经造成影响,出现癫痫发作,平衡感觉障碍等问题。

治 疗

甲状腺功能减退症是由自身免疫疾病导致甲状腺萎缩和库欣式综合征的影响等原因导致的。为了补充体内无法产生的甲状腺荷尔蒙,通过服用甲状腺荷尔蒙药物的方法进行治疗。这种药物需要终身服用,服药时一定要遵照医嘱,确认体内荷尔蒙量,控制药量。该病的发生与年龄无关。平时要关注爱犬的身体状况和行为变化。

137

意外发生时的应急处理办法

当狗狗遭遇生病或受伤等突然事故时，为了能够沉着、冷静应对，需要事先掌握各种不同状况的应急处理办法。

未雨绸缪，对意外的情况事先做好准备

爱犬有时会遭受喉咙卡住异物、骨折、割伤或咬伤而大量出血，发生没有预料到的突发情况。这时，不要惊慌，要迅速的进行处理，就可以保住爱犬的生命了。

无论受伤还是生病，带狗狗前往宠物医院是不能改变的法则。首先，与宠物医院联系说明情况；然后，再前往医院。这时，如果狗狗的主人能够牢记应急处理方法，在意外时会有很大帮助。

为了以防万一，要将宠物医院的电话贴在容易记住的地方。将电话号码录在手机里就不会慌张了。此外，进行应急处理时，也要注意不要被由于剧烈的疼痛而兴奋的狗狗咬到。

● 防止被咬

平时要使用零食使狗狗事先习惯。

用绳子做一个口套

用绳子做一个能将狗狗的嘴套住的口套，将狗狗的嘴放进套子里，在保证嘴张不开的程度时，将口套系紧，从口的下方到耳后，抓住绳子的两端系起来。

准备市面有售的口套

事先准备好市面有售的带有单接触装置的口套，容易佩戴非常省心，脖子周围的尺寸也可以调整，佩戴合适的尺寸会让狗狗感到舒服。

➡ 脚被割破·身体被咬伤

狗狗的状态
- 出血
- 动不了
- 一碰就疼
- 颤抖

能派上用场的东西
- 手绢
  (包头巾)
- 胶带
- 细绳
- 毛毯

尽可能地控制住流血，迅速送往医院

　　散步时脚被割破，或者迎面碰上其他狗狗，打起架来并且还被咬伤，或者在意想不到的地方受了伤，遇到这些情况时请不要慌张。某些部位被割伤或被咬伤后会大出血，为了控制住流血，需要用细绳或手绢等勒紧伤口的上方。手边没有可利用的物品时，用手压住伤口上方也能起到止血的效果。

（ 用胶带 ）处理

用胶带将伤口包起来

脚趾也要包起来

　　肉球被割破了，为了止血，可以摁压住伤口后用粘性强的胶带，包住伤口，脚趾也要包起来。可以用纱布将伤口包住再用胶带缠起来，如果没有纱布，直接用胶带将伤口包起来也是可以的。一定要注意不要碰到伤口，要带狗狗去宠物医院。

（ 用手绢 ）处理

使用方法非常方便

　　轻度出血的情况下，可以用手绢或包头巾给伤口止血。此外，也可将手绢折叠成细长状代替绷带使用。不要包的太紧，使它不能从伤口处脱落即可。处理完出血的伤口，要立刻带狗狗去宠物医院。

不要碰到狗狗的伤口，用毛毯包裹住狗狗的身体是安全的方式。抱狗狗的时候要注意，

（ 用细绳 ）处理

从出血处略上的位置开始绑

　　有血滴下的情况时，要从出血处略微靠上的位置用细绳绑住，多少是可以止血的。用细绳绑的要点是，根据血渗出的程度，不要绑的过紧。此外，防止细绳脱落，绕两圈在系起来。然后立刻带狗狗去宠物医院。

　　包扎的时间在10～15分钟左右。如果绑的太紧，长时间放置，包扎的地方可能会坏死，一定要注意。

➡ 喉咙卡住异物时

为了能够沉着应对，记住处理办法很方便

肉块或者水果等3厘米左右的东西可能会卡住喉咙。当狗狗喉咙卡住异物难受得乱闹时，请马上带它去医院。如果主人判断在带狗狗到达医院前它会出现呼吸困难、意识模糊等严重后果时，立即采取应急措施是明智的选择。最好能够联系到兽医，有他在一旁通过电话指示的话，操作起来会更加放心。

狗狗的状态

[异物卡在食道]
- 呕吐
- 口吐泡沫
- 非常痛苦地往后仰脖子

[异物卡在气管]
- 痛苦挣扎
- 痛苦得直打滚
- 呕吐
- 舌头颜色变紫
- 意识模糊
- 翻白眼

能派上用场的东西

- 长的棍子
- 软管
- 双氧水
- 食盐水

意识尚存的情况

使用稀释过的双氧水或双氧水原液，大勺大勺地喂狗狗喝，直到它开始呕吐为止，但注意不要超过10勺。如果不是有心脏疾病，或者年迈的狗狗，还可以用1~2勺的食盐水代替。

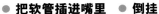

● 按压胸部

当狗狗呼吸变困难，意识越来越远时，将它的身体放倒，双手用合适的力度按压它的胸部。

● 把软管插进嘴里

将长为1米左右的细软管慢慢从狗狗的嘴巴插进去，将卡住的东西顶进去。用掸子棍代替也可以。

● 倒挂

如果异物卡在了食道，狗狗口吐泡沫的话，可以牢牢抱住它的腹部，将其倒挂起来，然后上下摇晃。

● 拍后背

倒着抱起狗狗，当它头部下垂后，一边观察狗狗的状态一边用手掌嘭嘭地拍它的后背。

※ 此处介绍的处理办法只适用于主人已经判断狗狗意识模糊、有生命危险、容不得犹豫的情况。请本着自己负责的态度进行处理。

➡ 骨折

不需要进行应急处理，只需将狗狗带到医院即可

发生骨折时，剧烈的疼痛会刺激狗狗做出一些类似咬伤主人的过激行为，因此，需要格外小心。尽可能不采取任何应急措施，即便受伤部位来回晃动也不要慌张，只需用毛毯轻轻包裹好受伤部位，直接前往宠物医院，这是最好的处理办法。

不能判断是否骨折的情况下，看到狗狗的脚垂在地面的情形时，一定要带狗狗去宠物医院就诊。

狗狗的状态

- 一碰就疼
- 一动就疼
- 发抖
- 来回晃动（脚部骨折时）
- 肿胀

能派上用场的东西

- 毛毯
- 床单

➡ 突然跌倒

狗狗的状态
- 跌倒

能派上用场的东西
- 毛毯

不管狗狗是否有知觉，都要用毛毯包起来保持体温。

刻不容缓！立即送往宠物医院！

刚刚还很正常，毫无预兆一下子就跌倒了。无论是在外面还是在家里，当爱犬突然跌倒时，不惊讶是没有道理的。不管狗狗是否有知觉，立刻要带狗狗去宠物医院。尤其是在它失去知觉的情况下，生命攸关，必须紧急处理。为了维持体温，应该用毛毯或床单等裹住爱犬的身体，并立即送往宠物医院。

➡ 眼睛里进了异物

狗狗的状态
- 睁不开眼睛
- 流眼泪

能派上用场的东西
- 狗狗专用眼药水
- 隐形眼镜护理液（人类用）

使用含有消毒成分的人类用隐形眼镜护理液进行冲洗也可以。

用眼药水冲洗并尽快取出异物

当狗狗眼睛的表面沾上异物时，可以用手清理掉，或者去宠物医院用处方的抗生素类眼药水冲洗掉。人类用的含薄荷醇的眼药水刺激性较强，建议不要给狗狗使用。当异物沾在眼结膜下面之类的不容易清理的部位时，请一定去宠物医院接受治疗。

➡ 被虫蛰·被蛇咬

狗狗的状态
- 一个伤痕（虫咬）
- 两个伤痕（蛇咬）
- 出血
- 肿胀

能派上用场的东西
- 含有肾上腺皮质荷尔蒙和消炎剂成分的药膏

要当心草丛和灌木丛，涂药膏进行紧急处理

在昆虫中，特别可怕的是蜜蜂。被蜂群袭击，蜜蜂的蜂针如果在体内折断，会陷入过敏性休克，有时还会导致死亡。被蛇咬到的地方同样会发生肿胀。最好立刻带狗狗去宠物医院，可以使用含有肾上腺皮质荷尔蒙和消炎剂成分的药膏进行应急处理。

如果事先准备好药膏，意外发生的时候就不会手忙脚乱

141

滴药方法、涂药方法、口服药方法

宠物医院给狗狗开的药方可以分为滴药、涂药和口服药。这里介绍一下各类药物的正确使用方法，以及狗狗不愿接受治疗时的注意事项。

滴药

在狗狗视线看不到的位置使用

滴药包括眼睛、耳朵、鼻子用药以及喷雾状的除螨虫、驱跳蚤药物等。使用时应从狗狗看不到的位置着手，动作要敏捷。不易操作时可以找人帮忙，一个人负责滴药，一个人负责固定住狗狗，这样分工进行。

实在无法办到时……

狗狗乱动的话，可以使用伊丽莎白圈。从狗狗头部的后方套上伊丽莎白圈，固定住它的脸，然后迅速滴药。

↓ 眼药

软膏型

● A 方案

从侧面固定住狗狗的脸，将它的上眼皮稍微掀起一点后，把软药膏厚厚地涂在上面。

● B 方案

将眼药像冰淇淋一样挤在手指上，注意眼药的瓶口不要接触到手指。

把挤在手指上的眼药迅速涂抹在狗狗的眼睛里。为了避免眼内混入杂菌，手指不能碰触眼睛。

液体型

● 1

准备好眼药水后，从侧面固定住狗狗的脸，使其上眼皮微微上抬。

● 2

再将上眼皮上抬一些，使其眼睛睁大，从它看不到的正上方滴眼药水。

● 3

如果无法从正上方滴眼药水，可以从眼尾的侧面滴进去。注意不要让药瓶口碰触到眼睛。

↓ 螨虫·跳蚤驱除药

分多次，每次少量滴在皮肤上

拨开颈部的毛发露出皮肤，将驱虫药分多次、每次少量地滴在皮肤上。为避免狗狗舔食药物，需将驱虫药滴在它的背部或颈部等部位。

↓ 滴耳药

耳药水要沿着耳朵凹进去的部位滴进去

压住狗狗的耳朵以便能看到耳朵的里面，将耳药水沿着耳朵内侧凹进去的部位迅速的滴进去。轻揉几下后，擦掉多余的药水。

口服药

让狗狗习惯被人触摸它的嘴巴

片剂、散剂、液状药、胶囊等，药的种类多种多样。医生开的药一定要按照医嘱服完。为了不让狗狗讨厌被人触摸嘴巴，日常练习很重要。

❶ 从狗狗的口鼻部上方捏住它的上颚，手指的位置在犬齿后方附近。注意操作时要将狗狗的唇部卷起来，这样才不会碰到它的牙齿。

❷ 用另外一只手的拇指和食指拿药，其他手指负责压住狗狗的下颚（下排门牙的内侧），使嘴巴张得再大些。

❸ 捏住上颚的手要固定，捏着药的拇指和食指负责把药放到狗狗嘴巴深处，其他空着的手指负责压住下颚。

❹ 用拇指将药粒再往里面推一些。将捏住上颚的手移动到头后部把狗狗的头往前推的话，药粒能够到达喉咙处。

实在无法办到时……

办法1

把药塞进零食里喂狗狗

让宠物医院开一些喂药零食（柔软的点心），将药塞进喂药零食里给狗狗吃。

办法2

将粉末状的药溶解后抹在狗狗的上颌或牙龈处

喂狗狗吃粉末状药物时，先将药倒在一个干净的餐具里。胶囊的话从中间掰开，倒出粉末。用蘸过蜂蜜或水的手指粘上药面使其溶解，然后涂抹在狗狗的上颌内侧、牙龈外侧等狗狗容易舔舐到的位置。

涂抹的药物

涂药时要注意手指的动作

涂抹类药物主要用来治疗皮肤疾病，有液体和软膏两种类型，一般用手指或棉签涂抹。不同的症状涂抹的方式是不一样的，这点需要注意。此外，有些药物对人体也会造成影响，使用时需要遵循医嘱。

治疗感染类疾病时，为了避免患处扩散，应从外向内涂抹。

治疗非感染类疾病时，从内向外涂抹也可以，选择方便涂抹的方向即可。

关于去势和避孕的知识

雄性狗狗的去势手术和雌性狗狗的避孕手术都有很多利与弊。先跟宠物医院咨询爱犬的健康状况，再结合各自家庭的饲养方式做出决定吧。

充分考虑利与弊

狗狗出生8个月后，开始进入性成熟期，相当于人的第二性征发育期。雌性狗狗迎来第一次发情期，阴部出现红肿出血现象，处于可以妊娠的状态。雄性狗狗的领土意识增强，散步时开始到处排泄做标记。同时，受到雌性狗狗发情期气味的刺激，有时会紧紧追随雌性狗狗，或者开始出现骑跨行为，还会出现食欲不振等变化。

在了解了手术的意义和目的的基础上，再探讨是否有必要进行绝育手术吧。雄性狗狗的去势手术会摘除精巢，雌性狗狗的避孕手术会摘除卵巢和子宫，通过这些手术可以避免意外妊娠。此外，接受上述手术后，一方面，狗狗将无法分泌性荷尔蒙，从而能够帮助治疗因性荷尔蒙引起的疾病。如果在性成熟前接受手术，还能预防生殖器官的疾病。另一方面，术后狗狗将无法进行交配和生育。此外，各种各样的荷尔蒙之间是有相互联系的，因此，术后狗狗的身体状况或体质可能会发生变化。根据狗狗年龄或身体状况的不同，还要考虑到这种全身麻醉手术的风险。此外，虽然尚未得到证实，但一般情况下狗狗接受手术后会变肥胖。综上，是否给爱犬进行手术，需要跟宠物医院详细咨询爱犬的健康状况，并结合各自家庭的顾虑好好商议。

和家人一起商量哦！

雌性

➡ 不进行避孕手术的情况

　　未接受避孕手术的雌性狗狗会在出生后8个月左右时迎来第一次发情期。自那之后，将会以7个月为周期，反复为期4周左右的发情期。当雌性狗狗阴部出现红肿出血症状时，就是它容易妊娠的时期。这段时期，避免带爱犬去狗狗聚集的遛狗公园或狗狗咖啡馆是基本的礼节。有些公共设施可能还会规定，发情期的雌性狗狗不得进入。此外，如果狗狗生活在室内的话，阴部出血会弄脏环境，因此，有必要经常清扫或采取给爱犬穿上短裤等预防措施。

避孕手术

　　是指摘除卵巢（或者卵巢和子宫）的手术。因为是开腹手术，需要住院。在狗狗性成熟前进行手术的话，能够有效预防与性荷尔蒙有关的乳腺癌等疾病，还可预防卵巢和子宫的疾病。手术后，发情期时身体状况不再发生变化，从而能够减轻狗狗的压力。

雄性

➡ 不进行去势手术的情况

　　未接受去势手术的雄性狗狗会在出生后6个月左右开始表现出雄性特征。例如对发情期雌性的反应、领土意识等。伴随着慢慢的成长，雄性的气质也越来越明显。当附近的雌犬进入发情期时，它也会出现一些令主人困扰的行为，如不停吠叫、因压力导致的食欲不振、挣脱束缚去见雌性狗狗等。此外，因为领土意识增强等原因，外出散步时容易跟其他狗狗发生冲突，这点一定要注意。

去势手术

　　是指摘除精巢的手术。不需要开腹，因此可以当天往返。去势手术能够预防与性荷尔蒙有关的前列腺或精巢疾病等，因发情期雌性引起的压力也会消失，领土意识和骑跨行为也有所缓解。在性成熟前接受手术效果更明显。

✚ 手术的目的

　　在性成熟前接受绝育手术，能够预防生殖器或与性荷尔蒙有关的疾病，还能够缓解雄性狗狗因发情期雌性狗狗而引起的令主人困扰的行为。此外，还可以避免意外妊娠。对于已经患有生殖器官疾病或与性荷尔蒙有关的疾病的狗狗，通过绝育手术可以治疗上述疾病。

✚ 最好进行绝育手术的情况

　　患有糖尿病的雌性狗狗，每当进入发情期时病情就会恶化，因此，需要在早期接受避孕手术。对于患有前列腺肥大或会阴疝气的雄性狗狗，为了治疗上述疾病可以进行去势手术。对于患有与性荷尔蒙有关的皮肤疾病的狗狗，进行绝育手术可以改善病情。

麻醉阶段的 ❶~❼ 共通

去势手术的流程

❶ 药物预处理

使用具有镇静作用的药物进行预处理。可以缓解麻醉时狗狗的不安和疼痛，减轻麻醉的负担。

❷ 氧化处理

预处理后狗狗意识模糊的话，需要使其吸入高浓度氧气进行氧化处理。可以避免狗狗缺氧，同时使麻醉药的导入更顺畅。

❸ 诱导·插管·麻醉维持

采用注射或吸入的方式进行麻醉诱导，然后用气管导管维持（全身）麻醉。通过监视器开始确认狗狗的状态。

❹ 剃掉肚子上的毛

为了保证手术时视线清晰和保持清洁状态，需要用推子剃掉狗狗肚子上的毛。如果狗狗很乖巧，那么在术前剃毛也可以。

❽ 从包皮和阴囊中间割开

从包皮和阴囊中间割开，要在中心位置。精巢的大小会影响切口的长短，柴犬的话，切口一般在1.5~2厘米。

❾ 挤出精巢

用手指从割开的位置将左右两侧的两个精巢（及精巢上体）逐一挤出来。只需要一个很小的切口就够了。

构造

精巢被阴囊皮肤包裹着，手术时需要从包皮（阴茎）和阴囊（或包皮的根部）的缝隙割开，摘除精巢，用线系住血管和精管。阴囊较大时，需整体切除。

麻醉（共通） >> 切开 ········· 开腹

麻醉阶段的 ❶~❼ 共通

避孕手术的顺序

❺ 给肚子消毒

对接受手术的部位（肚子）进行消毒。为了避免杂菌从切开的位置进入，消毒要彻底。对于进行开腹手术的雌性来说，尤其重要。

❻ 医生手部消毒

手术部位消毒完毕后，要对医生的手进行彻底消毒和灭菌。带上手术专用的硅胶手套。

❼ 盖上洞巾/准备器具

手术中为防止弄脏其他部位，需要盖上只有手术部位暴露出来的布（洞巾）。对手术中必要的器具进行最终确认。

❽ 从肚脐下面切开

因为需要进行开腹手术，因此，需要切到腹膜处，露出皮肤和皮下组织。卵巢位于肚脐左右两侧。柴犬的话，从肚脐下面4~6厘米的位置切开。

❾ 开腹

用钳子等工具将切开的位置扒开。如果只摘除卵巢，虽然需要开腹手术，但一般切口较小，不会给狗狗带来负担，恢复也快。可以根据爱犬的状况决定。

构造

卵巢位于子宫和肾脏之间（距离肾脏较近）的位置，需要从肚脐处切开进行摘除。有时还需要摘除子宫。

⑩ 拽出精巢

将从切口处挤出的精巢一点点拽出来。拽出时要确保连接着血管和精管。

⑪ 切掉包裹着精巢的膜

取出精巢后，切开包裹着精巢的膜（睾丸鞘膜），露出血管和精管。

⑫ 连接血管和精管

将暴露出来的血管和精管用线扎在一起（结扎）。结扎时使用的线是体内可溶解的线，因此，不需要拆线处理。

⑬ 切离精巢

用剪刀从结扎部位的前面剪断，切离精巢。另一个精巢也采取同样的操作。

⑭ 将血管和精管送回体内

将结扎后的血管和精管送回到体内原来的位置。因为进行了结扎，所以出血非常少。

⑮ 缝合

用线将连接着皮肤和膜的皮下组织缝合，然后再缝上皮肤。因为切口较短，不易留下痕迹。

⑯ 皮肤缝合完毕

皮下组织和皮肤缝合完毕、切口处完全被遮盖后，手术就完成了。

在狗狗从全麻状态苏醒过来之前，需要通过监视器观察它的状态

苏醒后手术就结束了

>> **关腹** >> **缝合** >> **摘除**

⑩ 拽出卵巢

逐个拽出卵巢，暴露出跟卵巢连在一起的韧带，血管，子宫角（子宫的一部分）。

⑪ 系住卵巢的两侧

用线将暴露出来的韧带、血管和子宫角扎在一起。避孕手术就是要切断这一部位，止血很重要。

⑫ 摘除卵巢

将韧带、血管和子宫角扎在一起后，切离卵巢。切除时要注意观察出血情况。

⑬ 将子宫角等送回体内

将用线扎住且止血的韧带和血管、子宫角送回体内，操作时要随时关注该部位的状态。

⑭ 缝合腹膜和皮肤

跟最初的顺序相反，依次缝合腹膜、皮下组织和皮肤。也有不需要缝合腹膜的情况。

⑮ 皮肤缝合完毕

因为是开腹手术，所以缝合时要随时关注切口的状态，谨慎进行。缝合的线应使用能够自然溶解的。

在狗狗从全麻状态苏醒过来之前，需要通过监视器观察它的状态

苏醒后手术就结束了

预防肥胖从适当的体重管理开始

因为狗狗要吃人类喂给它的食物所以防止狗狗肥胖，主人对狗狗体重进行适当的管理是非常重要的

是不是胖了？

肥胖是很多疾病的主要原因

近年来，柴犬肥胖的情况逐渐增加。由于大多狗狗在室内饲养，所以和人类一起生活的时间变长，吃人类食物的机会增多，运动不足等被认为是狗狗肥胖的原因。肥胖是百病之源，狗狗主要吃人类喂给它的食物，所以主人对狗狗食物和体重管理的非常重要。

肥胖会导致患关节炎、糖尿病、心脏病的风险增加，这些疾病发病时会对呼吸器官、心脏、肝脏带来恶劣的影响。主人平时就要认真观察爱犬的身体状况，认真检查体重情况。

说起肥胖的检查方法，过于肥胖的狗狗从上面来看，背部变平，从侧面看，由于腹部下垂，看起来腿短。此外，如果触摸狗狗背部、腰部、头部附近，会发现脂肪堆积在这些部位。咨询兽医让狗狗减肥是非常必要的。

不过，不要让狗狗强行减肥。让太胖的狗狗突然跑起来，会对心脏和关节增加很大的负担，要历经数月，进行适当运动和调整饮食，让狗狗的体重慢慢地回落。主人可以通过使用减肥用的食物喂狗狗，对于进食速度快的狗狗，可以将食物加入漏食球等益智玩具中，或采取每次一粒给狗狗喂食的方法，在让狗狗慢慢进食上多下功夫。家人齐心协力来增加爱犬减肥的毅力吧。

给狗狗喂食要根据狗狗的年龄和体重认真计算。

与柴犬生活的各种
实用信息

法律法规、疫苗、发生灾害时、挣脱、走失，
以及为了应对紧急情况应该事先掌握的
信息等。

领养后

法律规定,饲养狗狗的主人有义务对领养的狗狗进行家犬登记手续以及接种狂犬病预防疫苗。领取养犬许可证和狂犬病免疫证后,应戴在项圈上。

佩戴养犬许可证和狂犬病免疫证是法律规定的义务

领养狗狗后需按照规定办理手续，以便让狗狗作为社会的一员开始生活。按照国家法律规定进行"家犬登记"和"狂犬病预防注射"十分重要。这些是主人的义务，在法律中有明确规定。

家犬登记可以在家庭所在的市区的派出所进行申请。支付登记手续费（约1000元，以后每年500元，各城市价格不同）后，领取养犬许可证。许可证会刻印上狗狗的登记编号和市区信息。

狂犬病预防注射需要每年接种1次。在宠物医院接种后，能够领取狂犬病预防注射证明书。狂犬病免疫证上标记的登记编号与养犬许可证上的编号是不同的。

法律规定，饲养主有义务将养犬许可证和狂犬病免疫证佩戴在狗狗的项圈等部位。这些编号在国内都是独一无二的，是可以用来证明爱犬身世的居民卡。

不同的养犬许可证和狂犬病免疫牌的设计是不同的，丢失后可补办。

应将养犬许可证和狂犬病免疫证戴在狗狗的项圈等部位，走失时能派上用场。

爱犬的粪便放置不管会给他人造成困扰。粪便里的细菌或病毒会传染给其他狗狗。

确认居住地所在的市区制定的养犬条例

除了国家规定的法律外，遵守各地制定的条例也很重要。不同的市区条例也不同，因此，领取养犬许可证时，请确认当地的养犬规定。

与狗狗的生活息息相关的条例是每天的粪便处理问题。不同城市的要求虽然不一样，但一般需要将粪便作为污染物经厕所冲走，或作为可燃垃圾丢弃等。在上海市，根据"上海市养犬管理条例"的规定，对于放置狗狗粪便不管的主人，要罚款（赔偿）。

除此之外，在公共场所要给狗狗佩戴牵引绳，注意不要给周围的人造成困扰。作为社会的一员，就要遵守规则和礼节，把爱犬培养成人见人爱、健康快乐的狗狗吧。

狂犬病发病风险增高

从办理完养犬许可证的第二年开始，每年的3月会收到接种狂犬病预防注射的通知。狂犬病会感染哺乳类动物，一旦发病几乎都是致命的。发病多的国家，每年会有5万人因此丧命。

因为在中国潜藏着暴发病情的可能，所以根据狂犬病预防控制技术指南，结合养犬登记的数据，每年会发送接种通知。然而，近年来不进行养犬登记的饲主越来越多，狂犬病疫苗的接种率也下降了。一旦暴发了狂犬病，为了避免病情蔓延，那些尚未接种狂犬病预防疫苗的狗狗将会被捕获。为了保护人类和狗狗，请定期接种。

疫苗的基础知识

为了对各种各样的疾病产生免疫，需要接种疫苗。疫苗的种类和接种时期需要结合各自家庭的状况向宠物医院咨询。

幼犬阶段连续接种3次，成犬阶段每年接种1次

疫苗可以抑制病原体（造成疾病的病毒）的毒素。接种后进入体内，会产生对抗该类疾病的抗体，和人类的预防接种具有相同功效。然而，不同的是狗狗的免疫功能会消失，因此，为了预防疾病需要定期接种疫苗。

幼犬通过母亲的哺乳获得免疫力，但1~3个月后会免疫力会消失。因此，为了保持免疫力，需要在狗狗出生后2个月大时开始接种疫苗。如果幼犬体内残留着狗妈妈的免疫力，那么即便接种了疫苗也不会产生抗体。在狗妈妈抗体消失的时间点接种疫苗是最理想的，但消失的时间点存在个体差异。因此，为了万全起见，在幼犬阶段需要每隔一个月接种1次，共接种3次。进入成犬阶段后，也要定期接种。

病原体进入体内，产生免疫力。狂犬病的预防注射也是一样的。

跟宠物医院咨询需要预防的疾病，然后决定接种疫苗的种类

狗狗接种疫苗主要为了预防7种疾病，即犬瘟热、犬细小病毒症、传染性肝炎、犬腺病毒Ⅱ型感染症、流感嗜血杆菌、细螺旋体病（3种类型）、冠状病毒感染症。混合有这类病原体的疫苗被称为"混合疫苗"。具有代表性的混合疫苗是包含犬瘟热、犬细小病毒症、传染性肝炎、犬腺病毒2型感染症、流感嗜血杆菌5种病原体的混合疫苗，将极其危险的疾病都聚集在了一起。

混合疫苗中包含的病原体数越多，预防的疾病就越多，但某些生活环境下有些疾病是没有必要预防的。接种混合疫苗的种类可以跟宠物医院咨询决定。

应急物品的准备工作

以防万一，狗狗用的应急物品也要事先备齐。带狗狗一起避难是原则，所以设想一下避难所里的生活方式，事先练习吧。

带狗狗一起避难是基本原则

灾难的发生难以预测，为了以防万一，平时的准备工作很重要。事先备齐狗狗生活的必需物品吧。

发生灾难后，可能需要离开家去避难所，避难时一定要带上狗狗。日常生活中，家人聚在一起商讨灾难发生时的对应办法是十分必要的。

一般情况下，避难所是允许狗狗进入的，但考虑到一些人不擅长和动物相处，所以会在避难所附近设置动物救护所，暂时将狗狗安顿在那里，或者交给宠物托管所或朋友照看。因此，要事先练习，让狗狗习惯在便携箱或笼子里安静待着。为了让狗狗在离开主人的情况下依然能够得到很好的照料，应该事先进行社会化训练（第60页），让狗狗习惯各种各样的人类。

救援物资的到位会花费3天甚至更长的时间，所以应急物品要多准备些

应对灾难，狗狗必需的物品有食物、水、尿片、便携箱等。请根据各自家庭的情况，准备齐全。救援物资的到位预计会花费3~5天的时间，所以应急物品要足够狗狗使用3天甚至更长时间。尤其是正在服药的狗狗，药物要多准备一些。

狗粮要准备无需开罐器也能打开的。

进入避难所时便携箱是必须的。

人类饮用的瓶装水就行，要准备软水。

尿片还可以用作人类的厕所。

预防狗狗逃脱、走失的方法

当项圈脱落或生活环境的发生变化时，狗狗可能会逃脱。为了能够找到爱犬，一定要给它佩戴养犬许可证或住址牌。

项圈脱落和恐慌时狗狗会逃脱

柴犬是一种天性慎重，不喜欢受拘束、也不喜欢与人接触的犬类。因此，当它遇到令它感到害怕的事物和想躲避与人类接触的时候会向后退，项圈可能会因此脱落。有的狗狗恢复自由时会很高兴，或者混乱的时候会逃脱。这样的狗狗为了再次恢复自由，会反复地将项圈挣脱。此外，颈带比项圈更容易挣脱。为了安全起见，狗狗身上所系的颈带一定要选择适合狗狗的尺寸，使狗狗难以挣脱的。

除了要注意项圈脱落的问题，也有必要注意狗狗从生活环境中逃脱。要注意室内开着的门、室外门或者栅栏的空隙。柴犬逃脱的主要原因是本能的，也有为追逐运动的东西而跑出去，躲避令它害怕的东西等理由。特别是对于害怕烟花和打雷的狗狗来说，会陷入恐慌做出平时令人难以想象的行为。为了防止狗狗逃脱，要重新审视狗狗的生活环境。

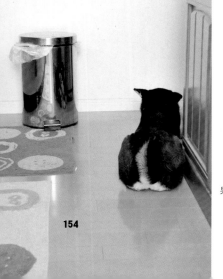

狗狗害怕烟花和打雷，并不是本能而是学习的结果。也有的狗狗因为烟花大会和打雷会突然变得恐慌。

设置狗狗无法攀爬出的栅栏。狗狗攀爬格子状的栅栏时，要把格子的空隙塞住，像横栏状的栅栏一样。

项圈的松紧要调节成可以塞进人的两根手指，虽然看起来狗狗很痛苦，但这种状态是最佳的。

写有主人联系方式的住址牌，可以植入体内的芯片，有了这些就放心了。

为了能够找回走失的爱犬，请给它佩戴养犬许可证等

即便平时很注意狗狗的安全问题，但还是存在遭遇事故或灾难时狗狗逃脱的可能。为了防止狗狗走失，必须给它佩戴类似居民证的"养犬许可证"和"狂犬病免疫证"。

写有主人联系方式的"住址牌"或"宠物芯片"也是必需的。因为住址牌上写有主人的联系方式，所以当狗狗被别人捡到时，应该能够很快联系到失主。宠物芯片是一种标记有世界上独一无二编号的微小胶囊，通过注射器植入狗狗体内。芯片上的编号记录着主人和狗狗的信息。想要读取编号，需要使用专门的扫描仪器。

为了能够在狗狗逃脱后立即唤回它，或者发现走失的狗狗后唤回它，平时要进行"过来"指令的练习（第83页）。

关于狗狗的暂时照料，记得咨询公共机构

挣脱掉的狗狗走失了的话，在家附近进行搜寻的同时要从邻居们那里收集信息。此外，记得向公共机构咨询狗狗的信息。

动物爱护中心是动物的收容所，狗狗被保护性拘留起来后，管辖该地区的动物爱护中心会通过其官方主页等进行介绍。

警察署或保健所也会从暂时照料狗狗的人那里得到信息。

清扫事务所负责处理公共场所的动物尸体，可以设想狗狗遇到了交通事故等死亡了，向该机构进行咨询。

市区町村将饲养主的信息都登记在了养犬许可证和狂犬病免疫证的编号中，只要狗狗戴着这些证件，即便走失了依然能够找回来。为了提高找回爱犬的几率，要给它佩戴住址牌或宠物芯片哦。

狗狗引起事故后的应对方法

万一爱犬将别人咬伤了……
要冷静判断当时的状况，不要慌张，处理时表现出诚意很重要。

面对受害者真诚地道歉

对于狗狗咬伤他人或造成咬伤事故问题，预防很重要。当爱犬和别人或其他狗狗接触时，要注意观察它的状态，如果它表现紧张发出呜呜声时，应立即带它离开。柴犬没有攻击的意图也会发生咬人的情况。要理解犬种的特性，从平时就要多加注意。

发生咬伤事故后，应立即将狗狗拉开。如果人伸出手或脚的话，狗狗很有可能会咬住，所以请全力拉住牵引绳将狗狗拉到远一点的地方去。当狗狗发出骇人的吼叫声时，可以通过喂它水喝之类的办法控制住它。

带狗狗离开后，主人要回来向受害者真诚地道歉。对方受伤了的话，要照顾他／它去医院或宠物医院。伤口有感染细菌或病毒的危险，所以即便伤得很轻也要陪同对方去就诊。有些城市要求，发生咬伤事故后饲主有义务向公共机构进行报告，或者带狗狗去宠物医院接受狂犬病感染的检查。所以，记得确认各地方的相关条例。

根据事故的严重程度，主人可能需要担负赔偿责任。可能需要支付受害人的治疗费和赔偿费等。

主人应该做的事情

1. 将爱犬拉离现场。将狗狗暂时系在远离他人的地点，让它冷静下来。

2. 向受害者真诚地道歉，检查互相的受伤情况，陪对方去医院。

3. 了解所在城市的相关条例，确认是否需要向公共机构进行报告或去宠物医院检查。

4. 向受害者道歉，并协商治疗费和赔偿费事宜。确认是否具有赔偿责任或参加保险。

托管狗狗时的注意事项

可以将狗狗送到托管所，或拜托熟人照顾。
根据爱犬的类型进行选择，做好准备工作让爱犬留守期间过得放心。

根据狗狗的类型，有两种方式可供选择

当主人外出时间超过两天一夜时，为了避免将狗狗独自留在家中，需要把狗狗托管。首先，选择一种不会给狗狗带来太大负担的托管方式很重要。友好型狗狗对于生活环境的变化和他人的适应能力较强，比较适合送到托管所。腼腆型狗狗对于生活环境的变化和他人的适应能力较弱，把它留在家中，拜托值得信赖的人照顾比较适合。

托管狗狗时，可以选择宠物医院、宠物旅馆、朋友的家等场所。即便是友好型的狗狗，在陌生的环境跟陌生人生活时也会感到压力。因此，可以事先带它进行短时间的适应练习。

拜托别人来家中照料狗狗时，可以选择爱犬亲近的训犬专家、宠物保姆或朋友。对于腼腆型狗狗，当有外人闯进自己的生活环境时，它会感到有压力。即便是拜托平时狗狗很亲近的人来照顾，也要事先进行短时间的适应练习，这样才比较放心。

托管所或训犬专家会要求主人提供养犬许可证、狂犬病免疫证、疫苗接种证明书等，请事先确认托管的必需物品。

托管时必需的物品

无论是送狗狗去托管所，还是拜托别人照顾，备齐以下物品更放心。养犬许可证、狂犬病免疫证、住址牌、疫苗接种证明书、喜爱的物品、生病时要准备诊断书和药、常用宠物医院的联系方式、狗粮、项圈和牵引绳。注意事先确认托管所的规章。

结束语

在哪里饲养, 给与狗狗怎样的食物, 家庭构成、居住环境、训养方针等, 不同的家庭饲养狗狗的条件是不一样的。请读者在参考本书介绍的秘诀、注意事项的同时, 选择适合自家狗狗的方法进行实践。

最重要的就是仔细观察爱犬, 选择对它最好的方法。与狗狗的生活中, "绝对要这样!"的指南是不存在的。主人通过自己认同的方式照顾狗狗一生, 这种爱才是至高无上的。请把您的爱犬培养成世上最幸福的柴犬吧!

去宠物医院前完成下表！

爱犬健康检查表

测量日/　　年　月　日　体重/　　kg 体温/　　℃

体　重	☐无变化　☐减轻　☐增重
动　作	☐活泼　☐没精神（　天前开始）
食　欲	☐无变化　☐减少　☐增加（　天前开始）
饮水量	☐无变化　☐不喝水　☐喝得多　☐喝得特别多（　天前开始）
呼　吸	☐普通　☐痛苦　☐运动时变急促　☐张开嘴呼吸
鼻　子	☐湿润　☐干燥　☐打喷嚏
咳　嗽	☐无　☐每天（早·晚）　☐连续 咳嗽的性质　☐干性（吭吭）　☐湿性（呼哧呼哧） ☐其他（像卡住了鱼刺似的）
眼　睛	☐清澈　☐有些刺眼　☐频繁揉搓　☐浑浊 ☐湿润　☐有眼屎　☐充血　☐眼泪多
唇·牙肉·舌苔颜色	☐血色很好（粉色）　☐血色不好（发白、紫色）
口　臭	☐无　☐有腥味
耳　朵	☐普通　☐有味道　☐经常挠耳朵　☐有耳垢
姿　势	☐普通　☐曲背　☐经常趴着　☐蹲坐
走　路	☐普通　☐踉跄或拖着腿走　☐不愿意走
脚　部	☐无变化　☐舔或咬脚趾　☐被碰到后吼叫或生气
呕　吐	☐无　☐吐异物　☐吐吃过的东西　☐吐黄色液体 ☐吐泡沫状粘稠液体（　天前开始）　☐其他（　　　　　）
毛　色	☐有光泽　☐无光泽　☐掉毛多, 秃毛
粪　便	☐无异常　☐软便　☐泻便　☐粘液血便　☐容易便秘 ☐排便时疼痛（　天前开始）
尿　液	次数　☐普通　☐多　☐少　量　☐普通　☐多　☐少（　天前开始） 颜色·气味　☐无异常　☐浑浊　☐气味刺鼻

★请复印后使用。好好保管, 当狗狗老了以后可作为诊断或治疗的参考。

诊断的结果和治疗内容、就诊费用等

....

....

....

....

....

图书在版编目（CIP）数据

柴犬养护全程指导：全彩图解版／日本Shi-Ba编辑
部编；潘玥译．—北京：中国农业出版社，2018.7（2023.9重印）
ISBN 978-7-109-24451-1

Ⅰ．①柴…　Ⅱ．①日…　②潘…　Ⅲ．①犬－驯养－图
解　Ⅳ．① S829.2-64

中国版本图书馆CIP数据核字（2018）第180330号

本书中文版由日本株式会社日东书院本社授权中国农业出版社独家出版发行。本书内容的
任何部分，事先未经出版者书面许可，不得以任何方式或手段刊载。

北京市版权局著作权合同登记号：图字01-2017-8700号

中国农业出版社出版
（北京市朝阳区麦子店街18号楼）
（邮政编码　100125）
责任编辑　刘昊阳　程　燕

北京缤索印刷有限公司印刷　　新华书店北京发行所发行
2019年1月第1版　　2023年9月北京第8次印刷

开本：710mm×1000mm　1/16　　印张：10
字数：220千字
定价：45.00元
（凡本版图书出现印刷、装订错误，请向出版社发行部调换）